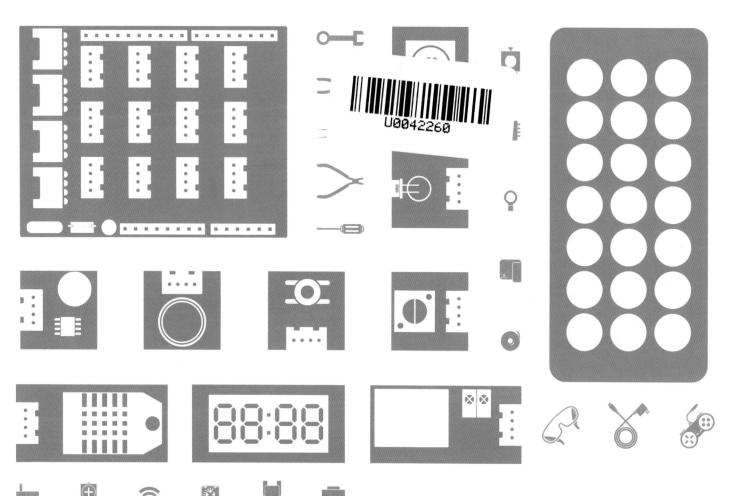

iCShop全面支援
Open Hardware零件包

iCShopping

DIY 零件 | 套件 | 工具

創客莱吧
Maker Lab

www.iCShop.com
TEL +886-7-5564686
81357 高雄市左營區博愛二路204號8樓之1

Make: EBOOK

訂閱數位版Make國際中文版雜誌，
讓精彩專題與創意實作活動隨時提供您新靈感！

Make:

http://www.makezine.com.tw/ebook.html

CONTENTS

封面故事：
亞倫・提姆的「Gray」是
InMoov的一部分，這是一個由
蓋爾・蘭戈維發起的開放原始碼
真人大小3D列印機器人專題（赫
普・斯瓦迪雅攝影）。

22

SPECIAL SECTION
ROBOT WORKSHOP

28

32

自造者世代的知識饗宴

在崛起的自造者世代中，《Make》與《科學人》提供理論與實作的結合，讓知識實際展現，用手作印證理論！

《科學人》一年**12**期 　　　　《Make》國際中文版一年**6**期

訂購優惠價2,590元（原價4,200元）

加贈《科學人雜誌知識庫》中英對照版

《科學人》雜誌中文版2002年創刊，率先報導國際與台灣一流科學家的研究成果，提供您最即時、深入、全面的科學資訊。每月閱讀《科學人》雜誌可以讓您在最短時間就能精確掌握全球科學發展，科技產業趨勢及進步脈動，與世界頂尖科學家同步思考。在知識經濟的時代，《科學人》雜誌是家庭、學校、個人的必備讀物。（定價220元）

本優惠方案適用期限自即日起至2016年3月31日止

跟著 InnoRacer™ 2S
去旅行吧！

關於速度的競逐，你需要32位元 Cortex M3核心晶片，完備的速度控制程式庫、高轉速的直流馬達、6軸姿態感測器、良好抓地力的矽膠輪胎、以及充滿電力的11.1V鋰聚電池。還有一杯咖啡，釋放你對速度追求的熱情與品味！

利基應用科技股份有限公司
www.innovati.com.tw

國家圖書館出版品預行編目資料

Make：國際中文版／MAKER MEDIA編.
-- 初版 . -- 臺北市：泰電電業，2016.1　冊；公分
ISBN：978-986-405-018-5　（第21冊：平裝）
1. 生活科技
400　　　　　　　　　　　　　　　104002320

EXECUTIVE CHAIRMAN
Dale Dougherty
dale@makermedia.com

CEO
Gregg Brockway
gregg@makermedia.com

*

CREATIVE DIRECTOR
Jason Babler
jbabler@makezine.com

*

EDITORIAL

EXECUTIVE EDITOR
Mike Senese
mike@makermedia.com

COMMUNITY EDITOR
Caleb Kraft
caleb@makermedia.com

PROJECTS EDITOR
Keith Hammond
khammond@makermedia.com

TECHNICAL EDITORS
David Scheltema
Jordan Bunker

EDITOR
Nathan Hurst

EDITORIAL ASSISTANT
Craig Couden

COPY EDITOR
Laurie Barton

PUBLISHER, BOOKS
Brian Jepson

EDITOR, BOOKS
Patrick DiJusto

EDITOR, BOOKS
Anna Kaziunas France

LAB MANAGER
Marty Marfin

EDITORIAL INTERN
Sophia Smith

DESIGN, PHOTOGRAPHY & VIDEO

ART DIRECTOR
Juliann Brown

DESIGNER
Jim Burke

PHOTOGRAPHER
Hep Svadja

VIDEO PRODUCER
Tyler Winegarner

VIDEOGRAPHER
Nat Wilson-Heckathorn

WEBSITE

DIRECTOR OF ONLINE OPERATIONS
Clair Whitmer

SENIOR WEB DESIGNER
Josh Wright

WEB PRODUCERS
Bill Olson
David Beauchamp

SOFTWARE ENGINEERS
Rich Haynie
Matt Abernathy

國際中文版譯者

Madison：2010年開始兼職筆譯生涯，專長領域是自然、科普與行銷。

王修聿：成大外文系畢業，專職影視和雜誌翻譯。視液體麵包為靈感來源，相信文字的力量，認為翻譯是一連串與世界的對話。

孟令函：畢業於師大英語系，現就讀於師大翻譯所碩士班。喜歡音樂、電影、閱讀、閒晃，也喜歡跟三隻貓室友說話。

屠建明：目前為全職譯者。身為愛丁堡大學的文學畢業生，深陷小說、戲劇的世界，但也曾主修電機，對任何科技新知都有濃烈的興趣。

張婉秦：蘇格蘭史崔克萊大學國際行銷碩士，輔大影像傳播系學士，一直在媒體與行銷界打滾，喜歡學語言，對新奇的東西毫無抵抗能力。

曾吉弘：CAVEDU教育團隊專業講師（www.cavedu.com）。著有多本機器人程式設計專書。

黃涵君：兼職中英日譯者，有口譯經驗，喜歡不同語言間的文字轉換過程。

謝孟璇：畢業於政大教育系、臺師大英語所。曾任教育業，受文字召喚而投身筆譯與出版相關工作。

謝明珊：臺灣大學政治系國際關係組碩士。專職翻譯雜誌、電影、電視，並樂在其中，深信人就是要做自己喜歡的事。

Make：國際中文版21
（Make：Volume 45）

編者：MAKER MEDIA
總編輯：周均健
副總編輯：顏妤安
編輯：劉盈孜、杜伊蘋
版面構成：陳佩娟
部門經理：李幸秋
行銷總監：鍾珮婷
行銷企劃：洪卉君
廣告：宋立智
出版：泰電電業股份有限公司
地址：臺北市中正區博愛路76號8樓
電話：（02）2381-1180
傳真：（02）2314-3621
劃撥帳號：1942-3543 泰電電業股份有限公司
網站：http://www.makezine.com.tw
總經銷：時報文化出版企業股份有限公司
電話：（02）2306-6842
地址：桃園縣龜山鄉萬壽路2段351號
印刷：時報文化出版企業股份有限公司
ISBN：978-986-405-018-5
2016年1月初版　　定價260元

版權所有・翻印必究（Printed in Taiwan）
◎本書如有缺頁、破損、裝訂錯誤，請寄回本公司更換

Vol.22 2016/3 預定發行

www.makezine.com.tw 更新中！

下列網址提供本書之注釋、勘誤表與訂正等資訊。makezine.com.tw/magazine-collate.html

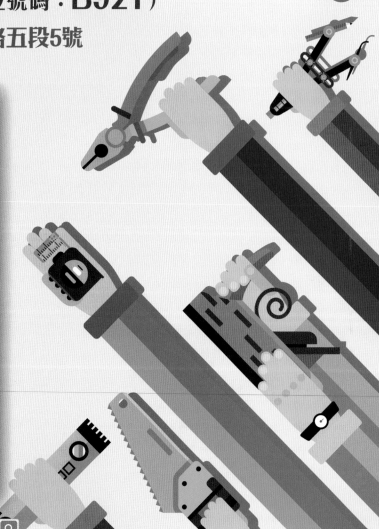

想打造更強的機器人？先從團隊開始！

文：戴爾‧多爾蒂　譯：謝孟璇

To Build a **Better Robot**, Build a **Better Team**

四月時，美國密蘇里州聖路易的 FIRST、加州安納罕的 Vex 等機器人大賽，陸續出現了一些機器人團隊。去年夏天，我認識凱特‧安札（Kate Azar）時，她興高采烈地談著 FIRST 大賽。即使她的參賽經驗很正面，她還是感受到，年輕女孩在這領域裡的確需要花費一番心力，才能獲得參賽者與隊友的重視。我邀請她分享一下看法。

我去年從高中畢業，在高中生涯，我都是明尼蘇達州聖保羅市的女子機器人競賽團隊「蘿貝塔」（the Robettes）的成員。在切割金屬與焊接零件的過程中，我很快地發現，工程學科的男生很容易認定我一定比較無知，而且看輕我的成果，不過這些男生，其實也迫切希望有更多女性 Maker 一同加入。

兩種心情的落差還真大！輕蔑、厭惡女人的心理，各種標籤、大同小異的偏見，竟不斷出現在明明足以去除性別偏見的團體裡。

高中首度參賽前，我的隊友便多次警告，外頭的男生已準備好要修理我，工程領域裡，我這女生不會獲得任何尊重；我必須「嚴陣以待」。這些話聽了還真不吉利。雖然多半時候我置之不理，下意識裡還是聽進去了，我以初生之犢的姿態迎接首次挑戰。

然而，大家預言的狀況卻沒發生。至少沒在我身上。我確實看到許多男性詆毀自己的女性隊友，然而情況通常是，才智儘管不比男生遜色，女生卻沒適時發揮，為自己挺身而出，反而只哭訴受到性別歧視。我的狀況是隨時就戰鬥位置，隨時與擋我路者唇槍舌戰，結果根本沒人招惹我。

我請教了幾位 FIRST 機器人大賽上的女性參賽者後，才發現我的經驗很不尋常。2013 年 FIRST 大賽的科技挑戰冠軍得主，「船中之魚」（Fish in the Boat）裡的兩位女性成員告訴我：

「身為理工科或全理工學程裡唯一一位女生的感覺，實在糟透了，不只令人挫敗、沮喪，也讓我懷疑自己是否根本不夠格加入……有多少女孩覺得自己不夠優秀，只因為同課程裡的男生對妳充滿偏見、評論苛刻，甚至毫不掩飾地告訴妳，他認為妳沒資格留在班上呢？」

——艾琳‧米切爾（Erin Mitchell）

「雖然回憶起來，美好的部分遠勝過性別歧視的部分，不過在比賽當下，當妳試著與男生討論戰略，他卻因為妳是女生而完全無視妳存在時，真的很討厭。」

——克里絲朵，海恩（Crystal Huynh）

有四成的女性在進入理工科後會選擇離開，顯然她們的經驗之談說得通。那麼，我的遭遇又為何不同？這個議題不是找個對象怪罪就能了事，「都是男生的錯」等口頭譴責，也無法改變什麼。

一個有 50 個成員的機器人團隊裡，如果有 48 個男生成員，2 個女生成員，那麼當其中一位男生態度差勁或技巧落後時，還有 47 個男生成員足以做為男生組裡的反例。但如果有一位女性成員表現不良，她一下子就能讓女生組變成半數不合格。這種狀況時而有之。我的老師說：「刻板印象是人性的一部分。」

有辦法解決嗎？當然有。女生一定要對自己的能力有自信，也要把這份自信展現出來，否則永遠不會被尊重。正如 2014 年 FIRST 院長獎（Dean's List Winnter）得主瑪德蓮‧洛基絲（Madeleine Logeais）說的：「預期心理會主導結局。」當一個新來的女生渾身是刺，其他人便會認定她是對自己的能力沒自信（同樣地，當一個男生自視過高，也可能是同一種潛在的不安全感作祟）。

那次賽事結束後，我對機器人比賽的態度大幅改變。因為我不是在高一而是到了高二才加入團隊，所以我帶入了新的氣象，也重新評估整體情勢。這個結果也讓我很驚訝。現在，我用更開闊的態度參賽，友善地證明自己，很少遇到棘手的偏見。

我給女生的建議是：保持靈巧、友善的態度，同時不忘保有主見。發揮 Maker 的精神。

我給男生的建議也一樣。不過要知道，倘若你的言行舉止，意在減少甚至阻礙女性參與，最終，只會降低你自己與隊伍的成功機率，破壞工程與機器人這個環境生態而已。

讓我們學著彼此合作，更了解身邊的隊友，不只是埋首打造機器人而已，還懂得在互相尊重的基礎下，組成更強的隊伍。◙

凱特‧安札
Kate Azar
就讀於明尼蘇達大學雙城分校工程學院（College of Science and Engineering at the University of Minnesota, Twin Cities）。她以 GOFIRST 這個 FIRST 支援組織的計劃負責人身分，繼續參加 FIRST 大學組賽事。

戴爾‧多爾蒂
Maker Media 的創辦人兼執行長。

Vik Orenstein

MAKER X EDU
WEEK 2016

Maker Faire
Taipei 2016

MAKER
EDU·WEEK
自造 X 教育週
—手·創自己的世代—

2016/5.5-5.8
士林科教館

指導單位：

主辦單位：國立臺灣科學教育館
National Taiwan Science Education Center

協辦單位：Make:Taiwan

綜合報導全球各地精采的DIY作品

跟我們分享你知道的精采的作品
editor@makezine.com.tw

譯：黃涵君

金屬魔法師

FACEBOOK.COM/VERNIYART

來自西伯利亞的蒸汽龐克創作者伊果・凡尼（Igor Verniy）擅於製作充滿精緻細節的動物金屬雕塑，範圍從蟲子、鳥類到河豚都有。凡尼從小就開始手工製作木頭小玩具，長大後開始使用金屬。從破爛的蝙蝠翅膀到靈活的章魚觸手，他用金屬忠實呈現動物特色的質感，使得雕塑看起來栩栩如生。

這些可動雕塑使用的材料都是凡尼從市場蒐集或是朋友帶給他的報廢金屬：銀器、手錶、電子器材、汽車和腳踏車的零件。材料大小不一，最大的長超過3英尺，重達20磅。

這些雕塑現在還不會動，但凡尼希望之後可以加入機械元件，讓它們動起來。他說：「具有人工智慧的金屬機器人是我最大的願望。我將會努力不懈地完成它。」

——克利斯特・沛爾

反映人心的機械
WOODYJONES.COM

在2014年10月舉行的亞特蘭大 Maker Faire，你可以從大老遠就聽到孩子們的笑聲，他們圍繞在胡迪‧瓊斯（Woody Jones）的巨頭（Big Head）週遭。這是胡迪手工打造的操作裝置。

瓊斯在立體透視模型裡，客製了一些元素和片段，可以反映出客戶人生中的重大里程碑。他在喬治亞洲迪凱特市從事藝術家工作已經有三十年，他說「這是我做過最有趣的工作。」

瓊斯說：「我尋找那些構成他們真實人生故事中的獨特特色。」然後他使用帶鋸、磨碎機及帶式磨光機製造一個又一個場景，為故事注入生命力。啟動把手後，兩個木頭人開始跳舞跟旋轉，一個跳動的小動物和男子躺在吊床中緩緩搖動。

瓊斯的立體透視模型通常都是鞋盒大小，巨頭是他最大的創作——8英尺高的頭中裝了12個場景：多數是關於瓊斯自己的故事，由幾個曲軸、控制桿和齒輪控制的幾百個人物及物件組成。

瓊斯總是樂於分享自己的故事，而且這些故事都很平易近人，他很清楚自己的創作所帶來的樂趣。

他說：「我的願望就是，你可以帶著滿臉的笑容離開我的攤位。」

—詹姆斯‧弗洛伊德‧凱利

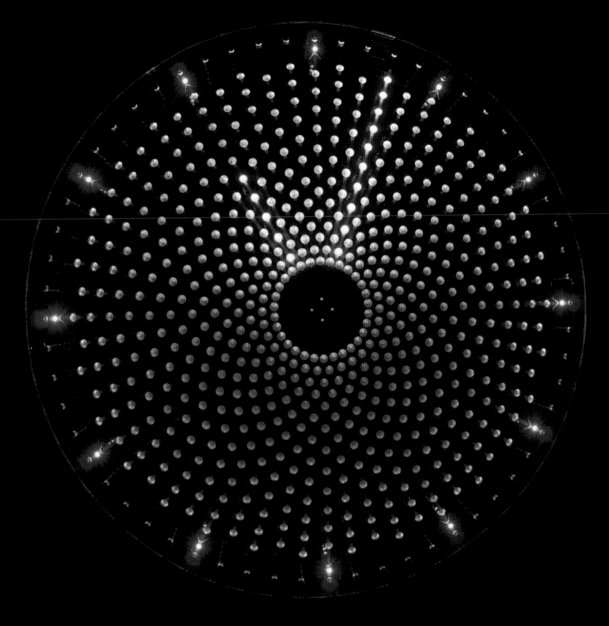

James Bastow

意外的鐘錶匠

KWARTZLAB.CA/2010/05/BERNIE-ROHDE-ART-EXHIBIT-SUCCE

伯尼‧羅德（ Bernie Rohde ）在30年前是一名過時的電視維修人員，只在學校學過類比器材的維修技巧。為了追上日新月異的科技世界，他決定自學如何建構數位電路。

他喜歡隨意組裝電子零件，因此他做了一個電腦晶片運作的組件分解圖。他的電路使用了離散的電晶體、兩極真空管、電阻、電容和LED。一開始羅德對於自己想做的並沒有計劃，但最終靈光一閃，覺得這些零件可以組裝成為時鐘。

他全手工製作以丙烯酸塗裝的銅製主體、有色的電路板和線路。類比和線性的完美融合──一座以指針顯示時間的時鐘，全以數位呈現。

在他的作品中有一種未來感，有別於現實生活的氣氛。在昏暗的房間中看到這些發光漂浮的球體，感覺就像從孔中窺視另一個世界或從顯微鏡觀察下的某件事物。

羅德的創作一貫以科技表達藝術，他說：「工程師決定自己要做的物品，不過藝術則是自然而然萌芽。我等待這些電子迴路告訴我它們要成長的方向，然後完成它們。」

　　　　　　　──艾格尼絲‧涅維亞多姆斯基

Two Bit Circus

爆破
彗星真人版
STEAMCARNIVAL.COM

「流星超人」（Human Meteors）是將雅達利（Atari）知名經典遊戲「爆破彗星」（Asteroids）重新創造的虛擬實境版。透過老派投影機、一般的辦公室椅、動作感知攝影機和已設定好的Wii遙控器，它將原版的遊戲轉為可以互動的虛擬版本。

遊戲者坐在附有一支Wii遙控器的改造旋轉椅上，同時80年代的投影機會投射虛擬的物體在地板上。當玩家移動椅子時，微軟Kinect會追蹤位置並更改「太空船」的方向。按下Wii遙控器的按鈕會發出雷射摧毀任何在前方的東西。

雅達利的創立者諾蘭·布希內爾（Nolan Bushnell）也親自嘗試，他表示：「實際在太空船上感覺很好，身歷其境讓這遊戲更加有趣。」遊戲由雙位元馬戲團（Two Bit Circus）的艾瑞克·格德曼（Eric Gradman）、諾蘭的兒子布倫特·布希內爾（Brent Bushnell）為了主辦的STEAM嘉年華（STEAM Carnival）而研發，到哪都吸引了大批人潮。

——門馬修·特佐普

INNOVATED IN CHINA

文：加雷斯・布朗溫 ■譯：王婉倩、許弈為 ■圖：戴爾・多爾蒂 ■插圖：劉歡

創新中國──一個Maker對深圳的觀察

小祕訣：
信任、關係與溝通在中國就是一切。找到你喜歡的供應商、工廠以及服務支援，試著跟他們交涉，一旦信任建立起來，商業關係就會很順利，在價錢上也會比較彈性，比如說他們可能會為你提供樣品或是其他優惠。

小祕訣：
微笑，常常微笑。保持謙卑有理，這會讓你的中國之旅輕鬆許多。
──班尼・黃

小祕訣：
不用花心思在家準備食物，外食既便宜又方便。
──莉莎・費特曼

中國有句俗諺：「不管黑貓白貓，能抓到老鼠的就是好貓。」人們通常會說這是近代中國的經濟改革領導者與開創者鄧小平講過的話。其實這句諺語在鄧小平說出之前就已有人說過，但人們會以為這句話出自鄧小平也是其來有自。中國之所以能在經濟與政治上以更務實、結果導向的方法造就異軍突起的都市奇蹟，例如中國南方的深圳，鄧小平正是最大的推手。深圳不但成為全球市場的電子製造業龍頭，也是小型新創公司的創業天地。他們在此發展產品，以最少的成本與時間打入市場。

「世界的科技發展園地」、「硬體界的矽谷」、「世界的電子首都」、「Maker的朝聖地」、「『easy』China」、「恣意發展的電子生態系統」和「Digi-Key產品目錄和銀翼殺手的邂逅」，這些是人們賦予深圳的其中幾個稱號。如果你待過製造業的圈子，你絕對有聽過深圳，以及深圳如何成為硬體創業家的香格里拉。到底是什麼造就了深圳的獨特和價值，還擁有這麼多不可思議的稱號？

就電子製造業為發展目的而言，深圳在中國是個相當年輕的城市。如果你認真想將任何消費電子產品打入市場，舉凡機器人、以微型控制器為主的專題、手機、筆記型電腦、網路應用程式、3D印表機等等，你該去的城市只有一個，就是深圳。

深圳在三十年前被規劃而成第一個「中國經濟特區」時，還只是個小漁村和邊界城鎮。像經濟特區這樣的「改革開放」政策，實際上還會受到一些共產政府的干涉，於是深圳實施的是「以中國社會主義做為領導規範」的市場資本主義。幾十年過去了，這項特殊的經濟實驗使得鄧小平的務實貓開始願意在深圳長居久留，並且在此落地生根，經濟發展的種子遍地開花。這座現代中國南方城市不像其他的城市──它是國際港口、電子業市場和製造中心，漸漸地，也成為一塊吸引Maker、創新者、創業者的大磁鐵。香港是深圳資金的主要來源，兩地之間只隔了一條深圳河，這樣的地利之便也使這一切成為可能。

深圳面積將近800平方英里，比兩座紐約城還大。此地的房地產業呈現一種擴張的生態系統，持續壯大以支持這座城市的電子產業。這座生態系統的心臟是世界知名的華強北電子商場，你可以在這座Hacker的夢幻天堂用批發價買到所

加雷斯・布朗溫
Gareth Branwyn
是自由作家，Maker Media前任編輯總監，更是十餘本科技類、DIY、電腦宅文化相關書籍的作家或編輯。現為Boing Boing和WINK Books的撰稿者，現正推出一本新的精華文選兼《懶人回憶錄》（Borg Like Me）。

初識深圳小筆記

深圳位於廣東省（舊時稱廣州）珠江三角洲，南邊隔深圳河與香港相臨。30年前，深圳還是一個小漁村，居民約30萬人；直至今時，人口數量成長至1,500萬人。

深圳是中國南方的經貿中心，同時也是深圳證券交易所所在地。

深圳為經濟特區，具有省級經濟決策權，中國政府允許其制定特殊的法律與規章，規定相對其他區域寬鬆。

總共有17個港口，數量為中國之最，港口貨櫃營收排名全世界第四。

深圳是多語城市，當地人說廣東話，但是普通話（中國的通用語）在過去30年也被廣泛地使用，還有部分居民（主要是老人），會用當地原民的方言溝通。

深圳氣候很潮濕，屬於亞熱帶氣候，冬天極少結霜。

深圳同時也是工業城，人們從中國各地前往這裡工作，帶來各地家鄉的料理，因此在深圳有品嚐各地美食的機會。

郵遞區號：518,000

區域號碼：755

時區：中原標準時間（URC+8）

貨幣單位：人民幣（RMB），在中文的意思稱作人民的錢。

開戶的時候記得不要說「開」戶，這個概念在當地沒有任何意義，要說「新」帳戶。

35年前的深圳還是個漁村，現已成為頂尖的高科技產品製造中心。

華強北好幾層的電子商場什麼都有。

班尼・黃徒步走在電子商場華強北。

小祕訣：
不用考慮食物和存糧，外食既方便又便宜。
—理莎・費特曼

小祕訣：
華強北就在附近，所以不需要依賴你的工廠來幫你尋找零件，多去市場走走，也許會找到比工廠開出更好的價錢。

小祕訣：
可以列一張零件購買清單，上面包括各個零件在Digi-Key（或其他美國供應商）的價格、工廠直購價、自己的預算上限等。通常在華強北只需要花費預算上限的十分之一，就可以買到所需要的零件了。
—班尼・黃

深圳工廠中的一排移載機

有你想要的電子組件、工具或設備，任何尺寸都有。以工廠或供應商價格為你的產品購買零件清單上的材料，你能不心動嗎？Freaklabs的創辦人克里斯・王（Chris Wang，也稱Akiba）專門製造Freakduino板。他說，帶著你的物料清單來到華強北商場，然後在此待上一整天，你很有可能可以買到這份清單裡一半以上的材料。華強北鄰近供應鏈及組件市場，擁有生產設備以及多元快速的國際運輸，而且是個樂於為小型新創公司提供服務的環境，這些林林總總使得華強北對專業Maker來說，就像一杯無法抗拒的雞尾酒。

那麼，要如何在深圳開始電子製造的探索之旅呢？班尼・黃（Bunnie Huang）實事求是的說：「你得先買張機票。」他是名工程師，也是Maker中的Maker，製造開放程式碼筆電Novena和Chumby等複雜的網路裝置。他在這幾年幫助很多人進入深圳市場。「你去到當地，到處走馬看花，愈看愈多。你打幾通電話，建立一些人脈。你大概花一個禮拜的時間快速參觀幾間深圳的工廠。走進工廠讓你更進入狀況，你更加了解深圳的條件、必須要交涉的媒體和生產過程等等。」他還說：「這會讓你產生新的想法，在生產過程中，你會看到一些原本在認知內不可能發生的事情，而這會讓你對產品產生從未有過的的靈感。」

和深圳的工廠遠距合作，比親自待在深圳工作聽起來要吸引人多了，但如果你正處於極力突破瓶頸、達成關鍵任務的階段，你必須要親自造訪深圳並了解供應商的情況，和工廠老闆及員工打好關係，大致掌握他們的品質控制標準（如果你無法親自到深圳，你最好和當地的製造商合作）。

班尼不屑地説：「這不是『外包』，我討厭那種説法——好像你只是傳了CAD檔到中國，然後魔法小精靈就開始幫你製作聖誕節禮物。但其實你是在建立關係，一種必須親自建立的夥伴關係。」

你可以選擇在中國做生意，或是搬去中國好更靠近你的工廠及供應商。很多和我們談過話的人最後都這麼做，但希望這不要發生，因為這麼做可能會招來批評。Maker不可避免地都會遇到一些關於把工作從美國外移，以及勞工與環境議題等尖銳的問題。「我被問到為什麼不多多提倡『made in USA』，」Akiba説，「管理學大師和哈佛商業評論的作者大概在20年前開始告訴各企業公司，他們應該要把注意力放在核心競爭力，並將一切外包給中國等其他低薪資國家，而美國企業的問題就此產生。這些經理人並不明白一件事，公司員工對於他們的生產過程和當中的『眉角』，有著最詳細的了解，而這才是真正核心競爭力的所在。但令人傷心的是，美國大部分的公司，尤其是在灣區的那些，它們的製造業生態系統已在過程中消磨殆盡，供應商和設備製造商不是消失，就是搬去製造生態系統仍舊活絡的地區。」

班尼也強調了基礎設施的重要性，他認為人們常忽略這個世界是以製造為中心開始運作。「製造業隱含了整個生態系統，包括供應商、修繕技師、批發商、運輸及交貨服務等等，」他説。為了説明深圳有多獨特，他分享了一則2013年在上海Maker Faire的故事：「我在華強北的公寓裡，一大清早接到電話，通知我工廠缺電晶體。我起床，走下樓到街上買了3,000個電晶體，再走到工廠，把電晶體裝到生產線的捲軸裡。兩小時後，生產線已經重新上工並開始運作。」他説如果這不是發生在華強北，你的工廠可能會停產24小時，這樣24小時停擺的情況會開始增加，連帶嚴重拖慢產品的交

小祕訣：
用計算機在市場議價，你可以用它來換算匯率、溝通價格或是表達自己想要的商品數量。

小祕訣：
如果想「翻牆」，要先取得VPN（Virtual Private Network，虛擬私人網路）。
—理莎·費特曼

貨速度。

麥特·梅茲（Matt Mets）曾經擔任MakerBot工程師和《MAKE》網站作家，他現在住在深圳，經營Blinkilabs。他為深圳獨特的生態系統作了唯妙唯肖的比喻：「和大公司正在製作的東西比起來，我們正在建造的所有東西規模都超小。我們算是依附在一頭超大型動物的毛皮上存活，這頭大型動物就是大型製造業，而牠現在正住在中國南方。」

勞工待遇仍就是個問題，但深圳的Maker指出，情況到了中國的其他地方可不是這樣，薪水一般來說會更高，過去幾年以倍數成長，深圳的勞工市場因此變得很有競爭力，而這也讓勞工積極爭取更好的食宿及工作條件。如果沒有得到應有的待遇，他們就會跳槽到其他環境更好的公司。

如果你來到深圳建立與供應商、製造業者的關係，你可以到工廠親自訪視生產狀況。深圳是電子巨頭的發源地，鴻海就是一個例子。鴻海因為生產iPhone而聲名大噪，也引來許多媒體以壓榨勞工為題進行批評——所以你會比較想跟規模小一點的工廠合作。視察工廠後，班尼提供了一個很棒的經驗法則：「如果你去到工廠卻無法和工廠老闆見到面，那麼這間工廠的規模對你來說就太大了。你需要一間能讓你親自與人溝通的工廠。你會想和老闆面對面對話，解釋你的議程，然後四處走走看看，坐在模具間裡視察。你會想讓他們信任你而你也信任他們，彼此既是夥伴關係，也是共同投資者。」

幾位住在深圳的專業級Maker説，雖然環境議題仍是目前的重要議題，但情況有好轉的跡象——至少在深圳是如此。受政府控制的《南華早報》現在可以發表較開放的言論，也時常報導有關食物供應當中的重金屬成份（一項大規模的稀土金屬處理議題）。政府透過省屬的新聞媒體間接

遠端深圳

已運作一段時日的「硬體創新平臺」Seeed Studio在美國成立分公司，這稍微縮短了深圳和美國的距離。他們的加利福尼亞州聖利安卓中心將幫助Maker製造小量生產的電子產品，而且不必親抵深圳。同時，客製化製造公司PCH引進硬體創業加速器Highway1，其設計可搭起企業和深圳供應鏈之間的橋梁。除了上述兩種，未來還會出現更多種選擇——對於想在家進行深圳式生產製造的Maker來説，可供參考的選項將愈來愈多。

工廠工人的宿舍。

我所學到的六件事
—PCH創辦人、執行長利亞姆·卡西
1. 儘可能與人交談
2. 拜訪工廠
3. 不要學中文
4. 知道自己要什麼
5. 專注執行與交貨
6. 時間就是你的財產

香港和深圳相鄰珠江三角洲。

更易關於深圳供應鏈的資源分享

Maker可能會想在深圳尋求一些資源，整合方案或是服務，這裡列出幾個例子以供參考：

Haxlr8r
haxlr8r.com

我們在Haxlr8r的朋友設計了一個111天的專題，幫助想要以硬體創業的Maker。這個專題成功幫助許多優良公司成立，例如BlinkLabs、Nomiku、Spark和Makeblock。

Hacker Camp Shenzhen
dangerousprototypes.com/hackercampshenzhen

開放原始碼硬體公司「危險原型」（Dangerous Prototypes）在深圳舉辦為期3至5天的工作坊，可以讓Maker短時間內製作自己產品的原型。想知道更多相關活動與資訊，可上youtube搜尋「Hacker Camp Shenzhen」。

Seeed Studio
seeedstudio.com

Seeed是一間服務供應商，協助Maker將產品推廣到市場上，他們提供原型製作與工程服務，擁有特別為Maker規劃的供應鏈以及對應的商品市場。除此之外他們還提供很棒的深圳Maker專用地圖，網路上可以下載：seeedstudio.com/blog/2013/09/03/shenzhen-map-for-makers.

Factory for All
factoryforall.com

一間位於深圳的工程服務公司，它們的工廠提供零件來源、PCB製造、零組件、雷射切割以及工程相關服務。

承認問題，這表示政府認真看待問題，並即將著手處理。班尼說很多與他合作過的工廠都會做出「環保」承諾，強調節約能源與回收再利用的重要性。幸虧深圳在國際間備受矚目，這樣的環保觀念現已成為其他六個經濟特區的某種模範。能讓勞工和環境問題得到控制，中國是最大的受益者。

那住在深圳的生活會是什麼樣子呢？Dangerous Prototypes的伊恩·蘭斯涅特（Ian Lesnet）負責舉辦深圳Hacker Camp，他勾勒出一幅非常誘人的景象。「這是一座無比年輕、生氣蓬勃的城市，」他說，「有很多戶外烤肉、街頭小吃與市場，你會擁有活躍的街頭生活。人們都超級友善，每個人去到新環境總會這樣形容，但在深圳，這樣的友善是很真實的。沿著街道走，人們會努力用他們最好的英文大聲向你打招呼『Hello, how are you?』我也會拿出我最好的中文回應『很好！你呢？』大部分的商店到半夜仍在營業，俱樂部和戶外烤肉則是整夜都有。你可以輕鬆一下，在烤肉攤和當地人用骰子玩幾場吹牛，然後你會發現，他們當中很多人都是華強北供應鏈的其中一環。」

蘭斯涅特開始每個月在阿姆斯特丹與深圳之間通勤，每次在中國待一個星期。不過自從有一次在距離華強北十分鐘的地方連續待了三個禮拜之後，他深深受到吸引。現在他在深圳擁有一間公寓，大部分的時間都待在那兒。但他很快的指出，目前並沒有永久居留或成為中國公民的途徑。

蘭斯涅特說：「深圳現在是個很棒的地方，在這裡一切都有可能發生，並產生重大影響。深圳並不是一顆努力找回昔日的光采的黯淡星星，也不是一座努力想要突破某項成就的城市。深圳就是它自己。並非永不改變，但在這個當下，深圳就是它自己。」

小祕訣：
發票就像是中國的收據，包含了合約、收據與稅單，就算是刮刮樂也要開立證明，這對中國人來說這很重要。有時候將發票退回會讓你在食物或是其他商品上享有折扣（打折）。

小祕訣：
不要住歐美的旅館，試著去找一些當地的公寓旅店，它們大多都很便宜又很方便，而且比青年旅社乾淨。
—理莎·費特曼

想要更了解深圳的Maker文化，深圳Maker Faire是最棒的地方！makerfaireshenzhen.com

中 美 資 訊
Chung-mei Infotech, Inc.

傳統技術的昇華

日常用品的再進化

將時尚與科技予以結合

親手打造穿戴式裝置的時代，已然到來…

Adafruit 的 FLORA電路板體積輕巧，卻擁有 16MHz 的 Atmel ATmega32U4 處理器。支援 Macs、Windows 和 Linux 系統，可自行撰寫或使用開放來源程式碼。FLORA亦可同時控制上百個 LED 燈泡，搭配FLORA RGB擴充裝置縫於穿搭配件上，製造出耀眼奪目的光芒！

服務專線：(02)2312-2368　　　官方網站：www.chung-mei.biz
客服信箱：service@chung-mei.biz　　FB粉絲團：www.facebook.com/chungmei.info

THE NEW TECH TIMES

新科技時代
坐鎮《紐約時報》
的Maker如何創造未來新媒體？
文：布萊恩・勒夫　譯：謝孟璇

《紐約時報》的「聆聽桌」（Listening Table），諾亞・費恩、愛莉克西絲・洛伊德（圖左）及珍・費德霍夫（Jane Friedhoff）進行會談。

　　諾亞・費恩（Noah Feehan）的辦公室裡，四處散落著螺絲起子、數位示波器與抽風機。桌上放著一個半完成的電路印表機、一堆裝滿銀奈米粒子墨水的墨水匣與抗壞血酸，能把電路列印在紙上。費恩與同事這陣子忙進忙出，都是為了這個。

　　「我喜歡按企劃工作，」他邊說，邊指向一個裝滿電線與零星材料的箱子；在這臺半完成的電路印表機上，「我想印出8.5乘以11英吋大小的射頻擷取天線，應該可以趁機實驗一下演算設計。」

　　費恩與這群同事並非在任何五金行、電子自造實驗室或科技創業公司任職，他們所在的位置是曼哈頓第八大道620號的28樓──《紐約時報》的辦公室裡。

　　費曼在領英（LinkedIn）上的公開履歷上，正式頭銜就是Maker。不過在這間有163年悠久歷史的報社裡，他可不是唯一一位熱衷東敲西打的人，另外還有七位Maker坐鎮於《紐約時報》於2006年成立的研發實驗室（R&D Lab）。

　　他們的任務，就是設想接下來三至五年內，會出現什麼足以顛覆科技的新潮流，據此打造原型，預測這類發明對媒體未來的影響，還有它們將如何翻轉我們的溝通方式。例如，未來內容會怎麼傳達？什麼裝置能連接資訊與閱聽人？平臺會出現什麼改變？不過，他們不打算從這些問題來研創新物，而是要挖掘出創意總監愛莉克西絲・洛伊德（Alexis Lloyd）所描述的，某種「對《紐約時報》的潛在未來，有實質作用的具體成品」。

　　這間實驗室充滿了建造者、編碼者、修繕者，以及正在實驗的玩意。「我們的背景各異，從視覺藝術到統計學都有，」洛伊德說，「不過我們都對藝術與設計、科技或批判理論等領域有所涉獵。」

　　去年九月他們的最新發明，是一張坐落在實驗室中央的4吋寬桌，上頭貼了14條電容條，周圍放了幾張凳子。它是「聆聽桌」（Listening Table），一部分功能像打字員，一部分像智慧型家具，還有另一部分就是，嗯，桌子。

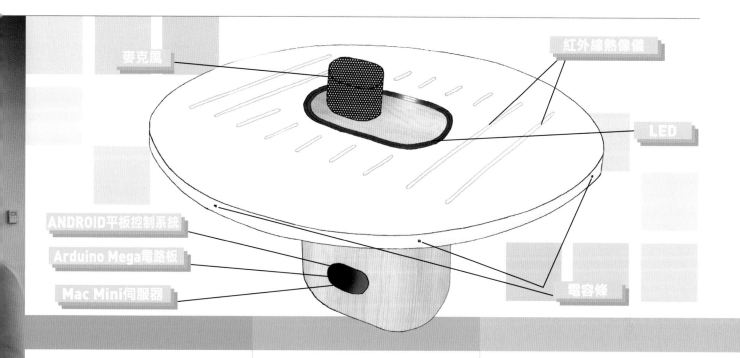

麥克風

紅外線熱像儀

LED

ANDROID平板控制系統

Arduino Mega電路板

Mac Mini伺服器

電容條

這個小玩意會利用Android語音辨識系統，記錄開會的即時內容。桌子中間設置的麥克風，會將每個想法、提案、建議、爭議、離題、閒談與笑話錄製下來。桌子周圍裝了八臺單像素的熱影像相機，能記錄是誰在說話，以及使用的肢體動作。

但它的能耐不只是做筆記而已。幾乎就在說話的同時，不遠處的平板電視螢幕上會即刻顯示出剛才的話。字句分別使用不同的顏色代表，較無關的冠詞（像「這個」、「一個」等）是淡灰色，關鍵的主題則是正黑色。

一旦按觸桌上的電容條，聆聽桌就會視當時為會議關鍵時刻，凸顯前後30秒的內容。聆聽桌不只用來記錄談話內容，還要記錄為什麼這些話會出現，它又有何重要性。

設計並打造聆聽桌的人，其實是法蘭索瓦·香博（François Chambard），這位經驗老道的自造者是《時報》特別僱請的高手（他另一件為人所知的作品，是威爾可搖滾樂團 Wilco.的鍵盤）。香博說這項專題的時間表充滿「雄心壯志」，得在兩個月內完成。這項專題看似輕如易舉──「只是張桌子，」他說，「但難就難在要確保中間的七層隱藏夾層能完美契合，沒有任何疏失或遺漏。」

桌子表面用的是白色杜邦可麗耐（Corian）材質，與你在工作檯面看到的一樣。底座是客製的彎曲層壓板與貼面

他們的任務，就是設想接下來三至五年內，會出現什麼足以顛覆科技的新潮流。

馬特·博吉　　愛莉克西絲·洛伊德　　諾亞·費恩

膠合板，桌上正中間安裝了麥克風，桌下則是有洞孔的收納筒。基座當中是客製的 Arduino Mega 電路板、Mac Mini 伺服器、Android 平板控制系統，最後還有一些簡單的布線。

同個房間中的視頻顯示器，也展示著研發實驗室的其他專題。「語意聆聽」（semantic listening）是實驗室近幾年來的研究重點，而聆聽桌只是其中一項工具。

隨著「量化生活」（Quantified Self）

運動腳步的帶領，這團隊最初的發想是，還有沒有任何可量化的數值未獲關注。就在那時他們發現，數值不僅能量化，還可以「質化」，就像語言的意義與語境一樣受檢驗。

當然，你可以精算步伐、預算，但如果是腦中閃過的想法和感覺呢？實驗室能否找出一套與這類資訊互動的方法？

因此，他們動手打造這張聆聽桌，不只想監測「有多少」資訊在辦公室或會議等環境流通，也想知道「為什麼」某些資訊比較關鍵。聆聽桌想了解消費者或出版商等人，是如何以肢體動作或其他實際的方式解決特定問題（你還是可以在桌上寫筆記或在桌上放杯咖啡）。

桌子周圍還堆滿了實驗室的其他專題成果，所有設計都是為了探索短期至中期內，新媒體會如何呈現以及應用。

附近的一臺顯示器，正展示著幾篇從《紐約時報》資料庫存取、帶有註解與標籤的即時新聞文章，那些標籤不只從文章標題產生，也從字詞裡擷取。這些字詞或重點經辨識後，能化為行動 app 裡的新聞要點，或在互動式地圖上，標出文中所提及的地點。一些特定的地點甚至能套用至穿戴式裝置裡（重要字詞的資料庫，是由《時報》的圖書館員與字詞分類學者持續手動編譯的）。

回到2011年時，實驗室便發明過一張科技桌，使用Microsoft Surface介面、觸碰式平板與互動式電子布告欄。在那件原型上，使用者可以在桌上輕拍、翻轉或拖曳照片（這又是另一個故事了），把照片分類排列。桌子在本質上，就是為了促進同桌人分享，讓同事能聚在這裡喝杯咖啡。如果使用者把自己的手機放在桌面上，這張科技桌還能自動將朋友分享過的文章叫出來。

這些發明其實並未用在《紐約時報》的新聞編輯室裡，也不曾有任何董事會議於聆聽桌邊舉行。但這不是重點。重點是，這些發明足以協助《紐約時報》思考新興科技該如何影響整個產業，而Maker們正在這個行列裡，協助這間百年報社前進。

「有個具體的發明物來刺激想法與對話，真的幫助很大。對我們這些設計師與Maker而言，在研究過程間，有很多資訊與知識，都是來自閱讀與主題有關的題材，從中去思考，去引發更豐富的討論，」洛伊德説，「但是，製造出具體的新發明、了解每顆按鈕的功能，當中所得到的知識，是全然不同的層次。」（除了聆聽桌之外，實驗室還發明了許多所有小玩意兒。）

實驗室預測在不久的將來會有何種科技潮流時，同時也深思著這類具資訊蒐集功能的傢俱，可能會造成的風險。

> **聆聽桌不只用來記錄談話內容，還要記錄為什麼會出現這些話，它又有何重要性。**

「這類科技顯然可能被用在監聽或不法用途上，」洛伊德説，「我們研究的其一目的，是希望發展一套設計準則：工具該如何展現透明度，讓人們感覺自己依然掌握了系統的參與程度？」關鍵就在清楚向外界顯示，它正蒐集哪類資訊、何時會蒐集，而且你能隨時喊停；因此，桌面上加裝了移動燈光，燈亮時表示桌子正在傾耳聆聽。

「我們所做最有價值的事之一，就是更能鞭辟入裡地瞭解，三五年內即將現身的新科技是什麼，還有各種能促進組織內對話的介面與工具。」洛伊德説。

馬特・博吉（Matt Boggie）是實驗室的執行主席（一直以來他也時不時組裝那臺電路印表機）。「我們在思考的，是讀者如何閱讀、如何觀賞影片、我們該如何報導新聞，以及這些經驗如何自然地融合。」這便是這間實驗室存在的意義，也是為什麼聆聽桌這麼引人注目的緣故。

不過説到底，這個實驗團隊不過是由一群亂七八糟、聰明非凡、凡事喜歡親手做的傢伙組成的。

「我最近在忙著為明年規劃，所以得寫很多文件，做很多PowerPoint簡報，」博吉説，「但我還是會跑來這裡組裝小玩意，測試一下電路板之類的。」

「有時候到了下午三點，我會突然覺得，『我真的得動手做點東西。』」◙

費恩在《紐約時報》的研發實驗室觀測示波器的訊號。

Drawn to It

畫出3D　3Doodler開發者經驗談

Maker Pro Q&A

文：DC 丹尼森　譯：編輯部：
從 Makerspace 到 Market

　　2013年初，「3Doodler」3D列印筆在Kickstarter成功募資230萬美元，熱賣13萬組。而在今年年初，全新改版、使用起來更順手的3Doodler 2.0也啟動了募資計劃，並募得150萬美元。我們訪問了3Doodle的共同創辦人麥克斯・鮑格（Max Bogue），邀請他與大家分享一路上的經驗談。

據說您打造過許多玩具，但3Doodler可說是初次大獲成功。這是因為大家喜歡塗鴉（doodle）的緣故嗎？

　　我想這是因為人人都是Maker。我們是喜愛動手做的生物，就像以前的人們也會自行製作弓箭或槍砲一樣。3Doodler點燃了人們對製作、開發、修正及解決問題的熱情。

　　3Doodler是一個激發創造力的工具，屏除了軟硬體的門檻。以手持工具的方式就能創造出具體的東西，不同的人創造的東西都獨具風格，就像每個人畫出的圖都不同一樣。

3Doodler是在麻薩諸塞州的Makerspace「Artisan's Asylum」誕生的。這樣的環境對開發有什麼樣的影響呢？

　　在那邊我們擁有極大的自由，也有許多能解答疑惑的朋友在。好比說在技術上遇到難題的時候，有5、6個人幫忙審視我們的電路圖，並告訴我們要把電阻從10k改成5k比較好等等。Makerspace的人們都擁有充滿創意的靈魂，這對我們的產品開發助益良多。

關於3Doodler的使用方式，有什麼令人意想不到的例子嗎？

　　最讓我們驚訝的是，有視障團體也使用了3Doodler。他們利用3Doodler來繪製點字，以及在數學課繪製圖表。我們一開始覺得這怎麼可能，3Doodler並不是一項精密的工具。但事實證明我們完全錯了，3Doodler能做到的事情超乎我們想像。這並不只是一件新鮮好玩的玩具，還擁有改變人生的力量。

3Doodler在藝術家之間也很受歡迎，Etsy手工藝品網購平臺上就有許多使用3Doodler的作品。

　　是的，我們對這點也很期待。這同時也對我們設計自己的作品很有幫助，我之前甚至沒有想到它能進行如此精細的應用。我下載了布魯克林大橋的設計圖，並使用3Doodler來製作橋的模型。這件作品目前展示在現代藝術博物館中，人們可藉此瞭解橋的結構。另外，我們也使用一樣的方式製作了西裝外套。先從西裝訂製店取得紙樣，並在上面使用3Doodler繪製外型，再取下紙樣，將各部分組合起來。透過這樣的流程，就能確實瞭解一件西裝外套是如何製作出來的。雖然這樣的方法有點瘋狂，但能讓你對東西的製作方式有非常詳細的認識。

推出產品後，大概過了多久的時間之後出現中國製的仿製品呢？

　　大概6個月吧（笑）。我們知道成功的商品一定會有仿製品出現，這對我們來說其實是一種莫大的讚賞。

你們對此有什麼相關策略嗎？

　　雖然我們原本就受到智慧財產權的保護，但我們相信社群，更相信創新。我們所擁有的是創新的力量，持續創新是最重要的事。新的3Doodler 2.0就是最好的例證。

你們對於想更上一層樓的Maker有什麼建議呢？

　　第一件事情是打造原型，再來是向市場展示你的原型。製作出原型只是完成了5～10%的進度，剩下的90～95%都還是未知數。擁有好的創意只是起點，接著是要把創意化為具體，而這正是最困難的事情。有許多人熱衷於最初的概念，這雖然是件好事，但一旦你募資成功、拿到生產預算，有許多人便在此時陷入困境。因此，事先規劃好整體流程是一件非常重要的事情。

更多Maker Pro訪談實錄，請見makezine.com/category/maker-pro，欲訂閱Maker Pro電子報，請至makezine.com/maker-pro-newsletter。

DC・丹尼森 DC DENSION
Maker Pro 電子報編輯。報導 Maker 創業的故事。之前曾任《波士頓環球報》（The Boston Globe）科技版編輯。

Max Bogue

ROBOT WORKSHOP

機器人工作坊

文：《MAKE》編輯部　譯：MADISON　圖：繪者：斯瓦迪雅　ATLAS 機器人雕塑：布萊特・米區

自己開始動手打造人形機器人的現象，在以前是難以想像的一件事。人形機器人曾經屬於複雜又昂貴的高級品，只有資金雄厚的實驗室才有辦法研發、生產，藉此展現企業與機構的工程實力。雖然打造仿人製品的欲望在歷史上屢見不鮮，這種先進的機器直到1970年代才開始出現實際、功能性的形式；其中最有名的大概是15年前 Honda 推出的 ASIMO。

快轉到2015年，業餘機器人愛好者的技術在地下室和車庫中取得長足的進步，突破各種挑戰，成功結合機械、電子和軟體。有些 Maker 社群也成功研發人形機器人，成品令人嘆為觀止，不過價格只要專業版本的零頭。

接下來幾頁，我們會介紹幾款人形機器人。其中有 InMoov 人形機器人，這是一個全球性的專題，Maker 共同努力的成果，結合了可3D列印的元件、通用電子元件和開放原始碼計劃，功能強大，可以說話和做動作回應聲音指令。其他還包括如何逐步打造自主導航、自我平衡的機器人，導入尖端機器人研究成果的「張拉整體結構」（tensegrity）振動機器人，以及突破傳統機械手臂限制的機械圓臂。

當然還有格鬥機器人——非常開心看到他們回來了！

ATLAS 機器人
Atlas 的創作者是布萊特・米區（Brett Mich）。透過細緻的手繪，米區賦予這個機器人雕刻作品獨特的前衛風格。米區從小受到《星際大戰》、《魔水晶》和《創・光速戰記》中人物與機器人的啟發，一直希望能創造出屬於自己的角色。他進入密爾瓦基藝術與設計學院並創立了許多公司，最近一間是 R2Deco 手作商店，在 Etsy 平臺上銷售自製的機器人。他目前住在芝加哥，白天從事玩具發明工作，晚上則是手作商店負責人。

IN OUR IMAGE

化為人形

開放原始碼 3D 列印人
形機器人的誕生過程

文：吉塔・達雅爾　譯：屠建明

吉塔・達雅爾
Geeta Dayal
位於舊金山的藝術及科技領域
記者。著有《Another Green
World》，標題與音樂人布萊恩
・伊諾（Brian Eno）的專輯同
名，內容介紹專輯的創作發想。

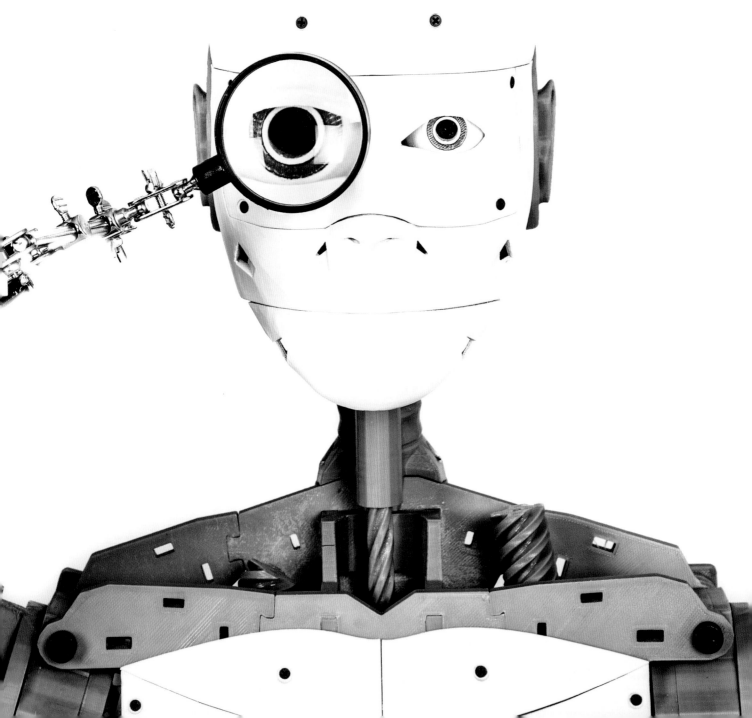

對於人形機器人，我們有很高的標準，期待它們像人一樣，或至少滿足我們從電影和流行文化得到的期待。我們要的不只是玩具，而是真人尺寸、高效能、能夠移動、追蹤面孔、說話和辨識聲音的機器。有一位法國的玩家就是以這個為目標：一個名為InMoov的真人尺寸、開放原始碼人形機器人。

InMoov是以任何人都能製作為目標設計的。如果妥善挑選零件來源，任何人都可以在1,000美元以內用3D印表機製作完成。它用的是常見的元件，包含便宜的伺服機和感測器，而且以免費的軟體運作。在過去三年的Maker Faire，我們看到這個概念正逐漸成形，到現在已經接近個人機器人的完整型態。

主導這個充滿野心的InMoov專題是蓋爾・蘭戈維（Gael Langevin）。他從2012年開始著手，學習的過程篳路藍縷。蘭戈維幾乎靠自己研究來完成，不過學無止境，仍然需要不斷修正。雖說如此，InMoov的成功已經超出蘭戈維的最高期待，也啟發了全世界數以千計的人們。

InMoov的特點是非常精緻和寫實，和電影《機械公敵》的機器人主角相當類似。它的高質感有跡可循：蘭戈維累積25年的經驗，為一些歐洲最大的品牌進行布景設計和雕塑。

InMoov這個構想的啟發來自蘭戈維一次設計案。一家法國汽車公司請他設計未來感人工手掌，他把手掌設計出來，用家中的3D印表機列印，並且把零件的設計上傳到Thingiverse，讓任何人都可以自行製作。後來大家真的下載他的檔案開始製作人工手掌，而一個社群便相應形成。受到手掌成功的激勵，蘭戈維決定從頭開始建造人形機器人。

蘭戈維依然熱心維持這個專題和使用工具開放原始碼的狀態。他用的軟體是Linux和Blender。他說，他想要回饋社群，因為他有很多事是從網路學到的。

他說：「我把第一個手掌列印出來時，我還不知道Arduino這個東西，也不知道怎麼用伺服機。在Arduino網站上有影片，可以從裡面學到很多東西。」他說，編寫機器人程式的過程幾乎都是靠不斷嘗試。他先變更數值，然後看有什麼反應。如果順利，那很好。如果不行，他就改寫另一行。他表示：「我同時要兼顧很多層面，從3D列印、機器人學、程式設計，到視覺追蹤，所以我沒辦法把所有事情都學得夠透徹，只能說是略有涉獵。」

蘭戈維還設計了一個手指入門套件，為新手提供暖身機會。他說道：「你可以把Arduino和伺服機搭配裝上去，而在學會編寫Arduino和伺服機的程式之後，就能操縱手指；學會製作手指之後，就可以開始建造手掌和其他部位了。」他還強調，InMoov不只是為工程師和機器人學家設計的機器人。「它不一定要變成這樣，它也可以是家長和孩子在周末的活動，這就是我覺得它很棒的地方，因為大家可以自己學習如何製作。」

> 「這就是我覺得它很棒的地方，因為大家可以自己學習如何製作。」

InMoov的零件設計讓它們能用消費型的3D印表機列印。「我儘可能讓它的零件不會複雜到難以列印」蘭戈維說，「我認為這個考量是有趣的挑戰。我之前習慣跟使用專業3D印表機的法國公司合作，而他們的印表機非常精準，但我覺得以家用的印表機列印更有趣，因為比較DIY，而且如果組裝不合，還可以進行調整。」

曼尼托巴大學的計算機科學教授傑奇・波特斯（Jacky Baltes）表示：「3D列印正在機器人學中興起」。他是人形機器人競賽HuRo Cup的創辦人，他說在HuRo Cup有好幾個隊伍使用3D列印的零件，而且在另一個國際機器人競賽RoboCup也有相同的趨勢。他也特別指出在機器人足球賽常見的小規模3D列印機器人Darwin。

如果你有在看機器人足球，就很容易發現移動對二足機器人而言是很困難的。這是蘭戈維正在研究的挑戰之一。現在InMoov有精緻的頭、軀幹、手臂和手掌，但還沒有腳。蘭戈維說：「我想要把腳做出來已經一年半了，但我因為要製作新的手掌，在這方面把步調放慢了」。

他為了讓InMoov的手更適合他的朋友尼可拉斯・胡學（Nicolas Huchet）所領導的Bionico開放原始碼義肢專題（參見《MAKE》國際中文版Vol.19〈伸出援手〉），他已經花了超過一年在重新設計InMoov的手掌。現在電子元件的設計更精簡，可以裝入掌心。「機器人的腳也應該如此，」他說。

腳部設計的其中一個問題是維持低成本：「我需要的伺服機必須全世界都有供應，而且要低價夠快，能讓機器人自行站立和走路。每次我找到一個伺服機，不是太貴，就是不夠快。或是如果夠快，一定太貴。」

波特斯也同意道：「機器人的成本很大一部分不是來自機械裝置，而是伺服機和電子元件。他說，很多人以為可以自己用1,000美元的成本3D列印Darwin，「後來他們才驚覺一個Dynamixel MX-28伺服機要價225美元，而且要20個。」

設計平價的機器人腳部所碰到的另一個障礙是結構完整性。「你沒辦法用MakerBot列印一個能承受走路和跌倒壓力的主要結構零件」波特斯說。蘭戈維考量過的一個替代方案是幫InMoov裝輪子來取代腳。他已經製作出腳板，但只是做為實驗，因為它們無法用於最終的設計。他補充道，腳踝將特別重要。

完成腳部的專題後，蘭戈維打算設計非以利潤為目的的套件，讓所有人都可以建造InMoov。他說：「不是每個人都有印表機。如果只想要手掌、頭部或是軀幹，就可以在網站上購買。」

InMoov的發展正持續加速著，並且以開放原始碼的理想啟發各地的Maker。蘭戈維表示：「透過資訊的傳遞和分享，我們體認到我們都有建造的能力。不一定所有的東西都要拿來賺錢。或許我們能成為第一個3D列印的人形機器人，然後傳遞這個正面積極的訊息。」 ◢

Hep Svadja

INMOOV
AROUND THE WORLD

文：吉若．達維尼 譯：屠建明

全球合作的 InMoov 從公益到娛樂，這個社群已經加入各式各樣的應用

有一個全球規模的社群正為InMoov專題貢獻專業。他們製作了數十個可運作的機器人，而且還有很多新的設計正在醞釀。以下是來自各地的有趣構想：

❶ 自製虛擬實境顯示器，體感控制InMoov
義大利，魯蒂利亞諾

長期支持InMoov的亞歷山卓・迪當那發布過很多他自己用Leap Motion 2體感控制器小心控制InMoov手指角度的影片。

迪當那是義大利的機械工程學生，想要以第一人稱視角控制InMoov。他沒有錢購買Oculus Rift虛擬實境（VR）頭戴式顯示器，所以花了50美元自己做出DIY版本。迪當那解釋：「我用FPV螢幕、兩個加速計／陀螺儀／羅盤感測器、Arduino和一個裝有加速計的彈性臂套來製作，藉此移動機器人的手臂和頭部。」

❷ ROBOTS FOR GOOD
英國，倫敦

由Robots for Good製作的InMoov Explorer被設定為能「讓孩童在房間中探索世界」的遙控機器人。利用波瑞斯・蘭多尼的Open Wheels專題，改造InMoov的軀幹、頭部、手部，讓InMoov擁有一組類似賽格威（Segway）的自體平衡輪。再加上頭戴式虛擬實境裝置的輔助，臥病在床的孩童就能透過機器人的眼睛遨遊世界。

❸ DIY超級英雄
巴勒摩，西西里島

里奧納多・翠雅西的InMoov有藍色手臂、紅色手掌和紅白對比的肩膀及軀幹，很有「美國隊長」的風格。經營inspirationrobot.com的翠雅西使用名為MyRobotLab的開放原始碼Java框架來讓機器人用眼睛追蹤動作和執行指令。

❹ 和InMoov互動
英國，林肯

林肯大學的約翰・莫瑞研究人和人形機器人的互動方式。他和他的團隊用InMoov的檔案打造了一臺多制動機器人同伴（MARC），目前正在進行與自閉症兒童及老年人作伴的測試。

莫瑞的研究對需要大量照護的人很有幫助，而且還能幫助我們瞭解人如何和機器人建立關係，和我們對它們的偏見。MARC將具有人的性格和特點，但也依賴InMoov的人形型態來探索人機之間的關係。

❺ BIONICO義肢研究
法國，雷恩

3D列印開放原始碼的InMoov和尼可拉斯・胡學開發的3D列印開放原始碼強化肌電義肢（參見《MAKE》國際中文版Vol.19）真是天作之合。從2013年6月開始，InMoov發起人蓋爾・蘭戈維重新設計InMoov的手掌，把Arduino、驅動器、馬達和電路板都裝進去，讓它更適合用於義肢，並把第一個印製的手掌交給胡學。

❻ 數手指
加拿大亞伯達省，大草原城

鮑伯・休士頓的InMoov透過EZ Robot控制器和軟體操控，可數手指和解簡單的數學題。為了讓InMoov能算數，休士頓寫了一個簡單的程式，讓手指的位置對應機器人計算時發出聲音的時間。「我也在程式碼中加入一點幽默，讓機器人更具人性，」他說道。如果你稱讚機器人的算術技巧，它會回應：「謝謝！這都是靠優秀的程式設計。」

❼ 機器酒保
加拿大安大略省，貝登

里查・萊爾森用三個月製作自己的InMoov，然後設計程式讓它成為酒保。

萊爾森說道：「看過InMoov手拿一杯水的照片後，我就想，它能拿水就能倒水。」在臉上裝了幾個感測器後，他的機器人能在廚房中移動、確認物件間的距離、感測開放空間的方位。「它做的事情跟Roomba一樣，也就是沿著牆壁走。」

這臺機器人可握住杯子完成倒水動作。他表示：「雖然看起來沒什麼，但要下大工夫」。他以程式為機器人加了動作，讓它不會在調雞尾酒時兩眼直瞪前方。 ◗

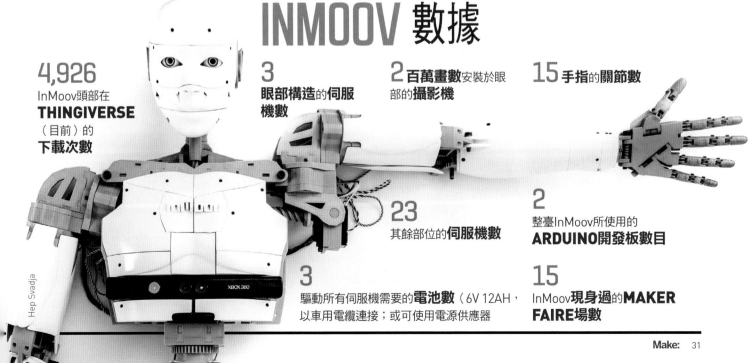

INMOOV 數據

4,926
InMoov頭部在**THINGIVERSE**（目前）的**下載次數**

3
眼部構造的**伺服機數**

2百萬畫數安裝於眼部的**攝影機**

15 手指的**關節數**

23
其餘部位的**伺服機數**

2
整臺InMoov所使用的**ARDUINO**開發板數目

3
驅動所有伺服機需要的**電池數**（6V 12AH，以車用電纜連接；或可使用電源供應器

15
InMoov現身過的**MAKER FAIRE**場數

ARDUROLLER:
SELF-BALANCING ROBOT
ARDUROLLER：自體平衡機器人

文：傑森．修特
譯：屠建明

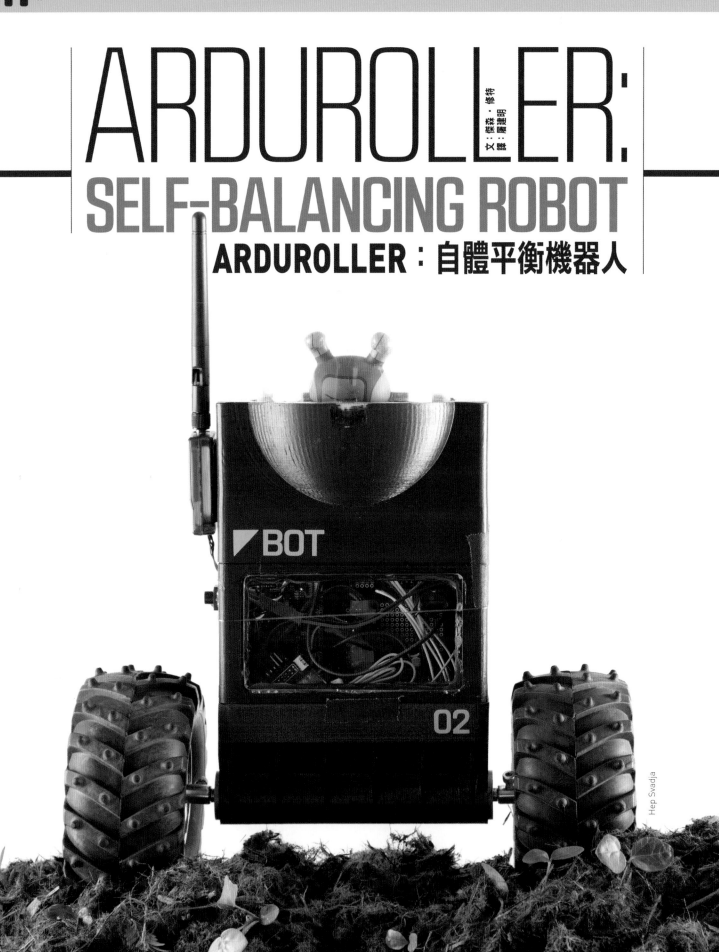

BOT

02

Hep Svadja

製作具備 GPS 和自動駕駛的平衡機器人，並派它執行全自動的任務！

傑森・館特
Jason Shorti

是 3D Robotics 的設計總監，也是具有 20 年經驗的資深產品設計師。曾為 HTC、三星、LG、Sony 和各大廠商設計消費產品及使用者體驗。他在 2009 年協助研發 ArduPilot，一款供遙控飛行器使用的開放原始碼自動駕駛系統；在 2010 年，他設計了 ArduCopter 多旋翼，廣受全世界無人飛行載具玩家歡迎。

時間：
5～10小時
成本：
400～500美元

材料

» **自動駕駛儀，3D Robotics APM 2.5 或 2.6**，Maker Shed 網站商品編號 MK3DR05，makershed.com
» **無線電模組，3DR Radio 915MHz（2）**
» **GPS 模組，3DR uBlox GPS，附羅盤：** 若目的為製作非自動的遙控機器人，則省略無線電及 GPS 模組。若使用 APM 2.6，則仍需要 GPS（或 3DR 之 DIY 磁力儀），因為 APM 2.6 無磁力儀。
» **減速馬達，34:1，附 48 CPR 旋轉編碼器（2）**，Pololu 網站商品編號 2284，pololu.com
» **輪子（2）**，Pololu 網站商品編號 1557
» **Arduino Pro Mini 328 微控制板，5V/16MHz**，Maker Shed 網站商品編號 MKSF8 或 SparkFun 網站商品編號 DEV-11113，sparkfun.com。其他可裝置在機器人上之 Arduino 相容元件亦可使用。
» **Ardumoto 馬達驅動器擴充板**，SparkFun 網站商品編號 RTL-09896。
» **準位轉換器分接板**，SparkFun 網站商品編號 PCA9306。
» **遙控接收器，至少 4 頻道**，我偏好 PPM 格式，因為它使用單一線纜。我用的是 FrSky D4R-II 4 頻道 2.4GHz ACCST
» **遙控發射器，至少 4 頻道**，用於手動操控。
» **鋰聚電池，3S 11.1V**
» **導線、電源開關及電池連接器**，如 Deans 或 XT60，含有新的 APM 2.6。
» **珍珠板，¼"×3"×5"**
» **透明壓克力（樹脂玻璃）板**，厚 ⅛"，約 3"×5"
» **塑膠樹裝飾**，Amazon 網站商品編號 B002WZIO4U。

工具

» **烙鐵**
» **3D 印表機（非必要）**，請至 makezine.com/where-toget-digital-fabrication-toolaccess 選購 3D 印表機或可使用的服務。或可至 makershed.com/collections/3dprinting-fabrication 選購 3D 印表機。
» **電線**
» **絕緣膠帶**
» **熱熔膠槍**

準備好升級你的機器人技能了嗎？

ArduRoller 是一款能夠自體平衡和室內外自動導航的倒單擺機器人。它是我在 SparkFun 自動駕駛車輛競賽的參賽作品，這個競賽的目標是製作能夠快速導航的非傳統車輛，賽道上有多個轉彎、顛簸地形、50 加侖油桶和各種斜面等障礙。

我使用 3D Robotics 所附的 APM 2.5 自動駕駛儀，它包含製作機器人所需的所有感測器。這是個適合自主機器人入門的專題，只需要免費的開放原始碼軟體，然後按照說明逐步設定即可。我使用的是 DIY Drones 社群開發的 ArduPilot 系統。

自體平衡機器人的核心是慣性量測單元（IMU），由三軸速率陀螺儀、加速度計和磁力儀組成。機器人包含九個感測器，每秒採樣達 1,000 次，之後執行方向餘弦矩陣（DCM）運算法的程式碼。這個運算法結合每個感測器的最佳屬性，可以直接提供較高階程式碼機器人的角度和旋轉速率，以用來進行平衡。

如何讓機器人平衡

倒單擺平衡機器人的本質是不穩定的。不過它的重心高，所產生的慣性可以降低下墜的速率。我們只要應用這個慢速的下墜，在下墜的同時移動下方的輪子，就可以保持平衡。例如重心向前傾的時候，就讓輪子向前滾動。

這種平衡控制的基礎是機器人軟體中簡單的「PID 迴路」：

» 軟體的「比例」項會擷取機器人的角度誤差，並將該比例值送至馬達，讓輪子朝傾斜的方向滾動。
» 「積分」項以相同方式運作，但它是累計的角度誤差，並幫助抵銷重心的問題。
» 「微分」項很關鍵，沒有它就無法控制加速度。

讓機器人移動

簡單的機器人只會往行進的方向傾斜（圖A）。這在短時間內可行，但機器人會持續加速，最後傾倒（1）。

若機器人嘗試導正姿勢，往前的動作就會停止。但我們需要的是在垂直滾動的同時往前移動（2）。要做的第一步是讓輪子以需要的速度旋轉，同時保留足夠的力量維持機器人的直立平衡。接著我們把輪子的速度導入需要的速度中。這讓機器人有能力抵抗快速的角度變化，例如當有人試圖把機器人推倒時（圖B）。這個運算法

向前運動

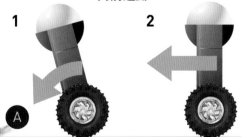

抵抗外部力

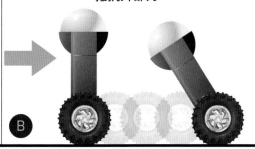

C D E F

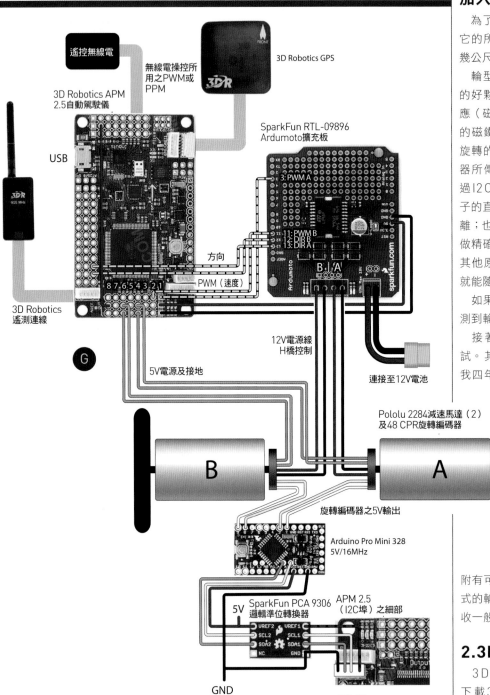

遙控無線電

無線電操控所
用之PWM或
PPM

3D Robotics GPS

3D Robotics APM
2.5自動駕駛儀

SparkFun RTL-09896
Ardumoto擴充板

USB

3: PWM A

11: PWM B
12: DIR B
13: DIR A

方向

PWM（速度）

8 7 6 5 4 3 2 1

B | A

3D Robotics
遙測連線

G

5V電源及接地

12V電源線
H橋控制

連接至12V電池

Pololu 2284減速馬達（2）
及48 CPR旋轉編碼器

B A

旋轉編碼器之5V輸出

Arduino Pro Mini 328
5V/16MHz

5V

SparkFun PCA 9306
邏輯準位轉換器

APM 2.5
（I2C埠）之細部

VREF2 VREF1
SCL2   SCL1
SDA2   SDA1
NC   GND

GND

GND
SDA
SCL
3.3V

是透過觀察人被推時如何平衡所開發而來。這就
像美式足球的線鋒在受衝撞時會把腳向後甩並向
前傾。

這兩個額外的輸入會以平衡運算法總和，並傳
送至輪子，讓機器人優雅地加速，而且能長途行
進。

加入導航功能

為了讓機器人能夠導航，我們需要精確地知道
它的所在地和目的地。GPS很厲害，但也只有
幾公尺的精確度，我們需要精確到公分的程度。

輪型編碼器的精確度可達毫米，而且是GPS
的好夥伴。Pololu販售的馬達有些包含霍爾效
應（磁力）感測器，原理類似自行車碼表：小型
的磁鐵經過感測器時會旋轉，讓我們得知輪子
旋轉的速率。Arduino Pro Mini則會讀取編碼
器所傳送的每秒數千個脈衝，並把這個資料透
過I2C介面轉送至自動駕駛系統。只要測量出輪
子的直徑，機器人就知道自己的速度和行走的距
離；也因為機器人有羅盤航向，可以在2D空間
做精確的定位。機器人有時候會因為輪子滑動或
其他原因而偏離方向，但是只要具備GPS，它
就能隨時校準。

如果車輛在自動駕駛模式行進時卡住，它會感
測到輪子已經停止。

接著機器人會逆轉航路並稍微往右再次嘗
試。其他的航點導航等控制軟體，就只是從
我四年前建立的開放原始碼無人飛行載具專題
ArduCopter修改而成。無人飛
行載具愛好者已經建立大量的資
源，大家可以多加利用。

製作自體平衡機器人

1. 準備零件

圖C是Pololu出品，具有電刷
的DC馬達，並附有編碼器單元。
我採用34:1的齒輪減速比來提升
扭力。Pololu的越野輪（圖D）
附有可以和4mm馬達軸完美連接的轉接器。軟
式的輪胎可以幫助機器人越過任何地型，還能吸
收一般會造成翻車的衝擊。

2. 3D列印軀幹零件

3D列印機體請至thingiverse.com/MAKE
下載3D列印檔案。我的零件（圖E）是用
MakerBot Replicator 2X列印（makershed.
com網站商品編號MKMB04）。

3. 安裝馬達

把馬達裝入3D列印的底座（圖 F）。底座內部的肋片（rib）就可以固定馬達，但我在兩個肋片中間加上熱熔膠，防止滑動。

4. 連接電子元件

連接APM自動駕駛控制板、馬達擴充板、邏輯準位轉換器，以及Arduino Mini，如圖 G 的接線圖所示。連接GPS模組和無線電，供自主操作使用。為了能夠手動操作機器人，連接遙控接收器；若為PPM接收器，則使用APM所附的跳線。

先用熱熔膠把電子元件黏在珍珠板上的正確位置，之後方便裝進機器人內部。確保自動駕駛控制板以「正面」箭頭向上指的方向直立（圖 H）。

最後，把電子元件連接至馬達並將電子元件安裝板滑入底座（圖 I）。

5. 最終組裝

把主體的中段（含窗）滑至電子元件上方，並壓入底座中固定。接著把上部壓入固定（圖 J）。電池將裝置於上段的圓頂下。可以在機器人的側面安裝電源開關，會很方便。如果還沒安裝輪子，現在可以裝上去。

這裡的玻璃圓頂其實是Amazon販售的塑膠樹裝飾品。電子元件中的LED會點亮機器人的內部，如果加上樹脂玻璃，還可以看到內部的LED。

將遙測無線電安裝於機器人側面（圖 K）；可以用它來編寫任務程式或直接控制機器人。

7. 編寫平衡機器人程式

在github.com/jason4short/ardupilot/tree/ArduRoller下載ArduRoller原始碼，並至ardupilot.com/downloads下載一款名為ArduPilot-Arduino的改良版Arduino IDE（提供Windows及Mac版），並用它上傳原始碼至APM 2.5。

在github.com/jason4short/WheelEncoder下載輪型編碼器原始碼，接著用一般的Arduino IDE把它上傳至Pro Mini。

為了能夠進行自主任務，請下載Mission Planner（僅適用於Windows系統，ardupilot.com/downloads）或DroidPlanner 2（適用於Android系統，play.google.com）。

實際操作

機器人製作完成後，可以用遙控方式駕駛它，或者讓它用GPS進行自主任務。Mission Planner軟體（圖 L）讓你能用Google Maps輸入點選航點、追蹤機器人的位置速率和航向、執行自己的Python腳本程式碼、下載並分析任務記錄，以及使用其他的功能。最近我用的是Droid Planner（圖 M），覺得也很好用。

加裝視訊發射器就能用第一人稱觀看機器人的視角，而裝上GoPro攝影機便能進行HD錄影。甚至可以加裝聲納來讓你的ArduRoller完全避開障礙物。

在makezine.com/go/arduroller-selfbalancing-robot可以分享你的機器人和觀看ArduRoller奔馳的英姿。

其他4個機器人專題 makezine.com/projects

遙控全向輪機器人
這是一款簡單的完整「Kiwi drive」機器人，能夠隨時往任何方向移動。

黃色打鼓小機器人
可以自由行動、打節拍和採樣聲音的奇特小機器人。

草坪機器人400
討厭幫庭院除草嗎？那就來製作這個用Arduino操縱的遙控除草機。

TRS繪圖機器人
透過音訊孔控制，這隻機器手臂可以把旋律變成圖畫。

彈性佳的機器人

利用張拉整體結構，打造高彈性、可移動的機器人。

COMPRESSIBLE TENSEGRITY ROBOT

文、圖：凱西・賽絲禮
譯：Madison

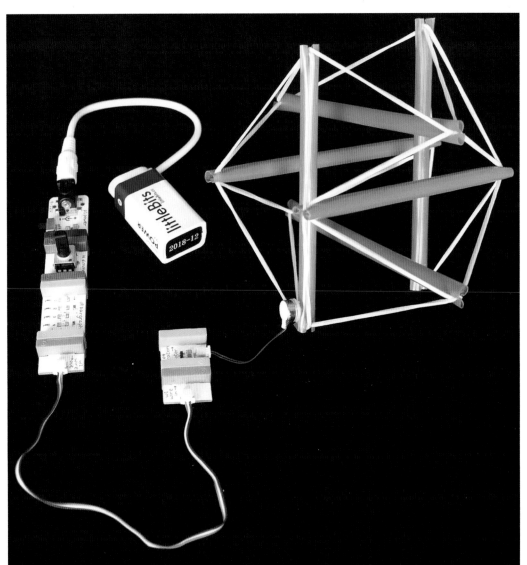

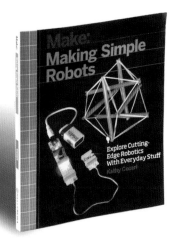

摘錄自《Making Simple Robots》
（中文版預計由馥林文化出版）。

時間：
1小時
成本：
75～100美元

材料

» 飲料吸管（6根以上）
» 橡皮筋，約5" 長（6）
» 橡皮筋，5" 以內（6）
» 紙膠帶、點膠、雙面固定膠帶或其他可重複貼的膠帶
» littleBits 模組：
　» 電源，#p1
　» 調節器，i6
　» 條狀顯示器，o9
　» 電線，w1（1條以上）
　» 振動馬達，o4

工具

» 剪刀

凱西・賽絲禮
Kathy Ceceri
是一位「 STEAM 」教育者、在家自學的專家，同時也是機器人和電玩遊戲等低科技、無科技書籍的作者。
craftlearning.com

　張拉整體結構具有彈性，不小心摔落地面或受到擠壓時可以伸縮，並彈回原形。此外，這種結構也有高度的順應性、也就是說它不會損害周遭的人或設備。加上它自身的韌性，張拉整體結構很適合應用於需要承受顛簸環境，或需要擠壓扭曲而通過不規則空間的機器人。

　這個專題用吸管和橡皮筋組裝了六腳張拉整體結構，靈感來自Make網站2007年布萊・派帝斯（ Bre Pettis ）的專題，他製作了一個二十面體張拉整體結構的節日裝飾品。

　製作出張拉整體後，就可以加一組 littleBits 磁力電動模組讓機器人動起來。littleBits 模組包含一顆迷你振動馬達、一個調節運動速度的調節器，和一個條狀顯示器，顯示供給馬達的電量。張拉整體結構加上了馬達，就可以振動並在桌上跑。

1. 將 6 根吸管剪成不超過 5"長（圖 ）。

2. 在每根吸管兩端開口切割出一道切口，並確保道切口互相對齊（兩條都是垂直的）。切口深度約 ¼"，可以固定住橡皮筋，但不會讓吸管開始變脆弱或開始彎曲。

3. 用橡皮筋將兩根吸管在尾端束起，在第二組吸管上重複一樣的動作，接著垂直穿過第一組吸管中間，形成一個 X 型（圖 ）。

4. 把最後一對吸管尾端也綁上橡皮筋，穿過另外兩組吸管的交叉處，讓三組吸管彼此垂直，在另一端綁上橡皮筋（圖 ）。

5. 旋轉其中一對吸管，讓尾端切口水平面向你，兩根吸管一根在上一根在下。用一條長橡皮筋從上方吸管一端的切口，經過垂直另一對吸管的切口，套到另一端的切口，共穿過四個切口（圖 ）。

6. 在所有的吸管上重複步驟 5。調整一下橡皮筋讓它們保持平衡（圖  和 ）。

7. 把小橡皮筋都剪斷，讓張拉整體結構展開。調整各對吸管使之平行不會互相接觸（圖 、圖 **H**）。

8. 現在組裝讓張拉整體結構動起來的 littleBits 電子模組：
a. 把電源模組（也就是「Bit」）接上電池。
b. 接上調節器模組，以調整電壓高低。
c. 把條狀顯示器模組接上調節器。這是一個有 5 排迷你 LED 的 Bit；愈多電量通過，亮起來的 LED 數量愈多（圖 **I**）。

9. 接上一條以上的電線。電線模組很短，所以用 2 或 3 條，讓機器人有空間移動。

10. 最後加上振動馬達。這是個藥丸大小的圓盤，有兩條細線接到它的磁力底座。

機器人動起來

要測試張拉整體機器人，先將電動模組接上吸管組。留意振動馬達的位置，不要讓電動模組擋住機器人的去路。

思考一下馬達的碟盤要放在哪裡。用膠帶或其他膠固定在吸管上。順著吸管拉長電線，接上馬達底座。

打開馬達，用調節器慢慢增加電量。橡皮筋會開始共振，機器人應該會開始沿著桌子振動。試試看是否可以透過調整電量控制機器人往左或往右移動。

如果機器人不移動，試著調整馬達在結構上的高度。把機器人的重心往中心點外移，有助於克服其慣性。

若機器人成功移動了，試著把馬達擺在張拉整體結構的不同位置——中心點或是邊邊角角——看什麼位置能產生最穩定和有趣的運動。改變速度和馬達位置會產生不同的運動，給予機器人某種體智能。

更進一步

這個簡單的張拉整體機器人透過振動來移動，但更先進的張拉整體機器人則是透過收縮纜線和改變形狀來滾動。想要挑戰下一關的話，可以想想如何設計才能讓機器人以這種方式移動。你也可以改變一下製作模型的方式或設計，不一定要使用 littleBits。這只是一個入門參考，熟悉之後，就嘗試創造進階版的張拉整體機器人吧。🅝

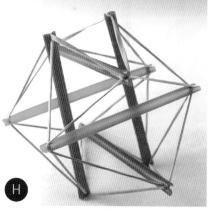

Hep Svadja

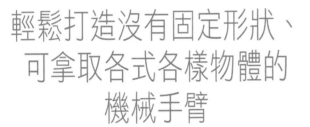

輕鬆打造沒有固定形狀、
可拿取各式各樣物體的
機械手臂

UNIVERSAL ROBOT GRIPPER

文、圖：傑森・波爾・史密斯　譯：Madison

設計機械手臂常用的策略是模仿人的手臂。 不過，2010年時，康乃爾大學和芝加哥大學的研究人員發展出一種獨特的方法：他們發明了一種可變形的機械手臂，可以包覆住要拿取的物體。這種機械手臂不但用途多，製作起來也不難。

萬用機械圓臂

傑森・波爾・史密斯
Jason Poel Smith
致力於鑽研各種自造技能，涉足的領域廣泛，無論是電子科技或是手工藝都難不倒他。在Make製作「DIY教學及祕技」（DIY Hacks and How Tos）教學系列影片：youtube.com/make

運作原理

這種機械圓臂是以「擠壓」的方式運作。當顆粒狀的物質（例如米、沙子或咖啡粉）受到擠壓，就會變得很堅硬。當壓力增加，每個顆粒之間的摩擦力會增加，有效固定住每個顆粒。

可以從咖啡粉包裝觀察到這個現象。真空包裝的研磨咖啡粉，只要包裝完好，跟石頭差不多硬；但只要包裝一破，咖啡粉就會變得柔軟鬆散，像液體一樣流出來。

可以利用這樣的特性製作出不定型的機械手臂。在氣球內填充研磨咖啡粉，然後接上風管。當氣球稍微被擠壓時，咖啡粉還是鬆散可變形的；若將氣球壓在物體上，咖啡粉會依照物體形狀移動，包覆物體，此時將空氣抽走，咖啡粉就能緊抓住物體。氣球的橡膠表面也有助於固定住物體。

1. 將咖啡粉裝入氣球

把氣球開口接到一個短管，把漏斗插入短管的另一端。注意：大一點的氣球可以抓住大一點的物體，小一點的氣球吸附力則比較強，可以抓得比較緊。

挖一湯匙乾燥的研磨咖啡粉倒入漏斗，使之沿著短管進入氣球。接著把漏斗拿開，對短管吹一口氣，讓氣球稍微膨脹，這樣所有的咖啡粉都會集中在氣球底部。慢慢擠出氣體，咖啡粉會留在氣球底部。重新裝上漏斗，重複這個步驟（圖 **A**）。

繼續加咖啡粉。不時把氣球放進漏斗中確認大小。氣球大約要突出漏斗邊緣1"（圖 **B**）。咖啡粉加足後，把短管從氣球開口移除。

2. 剪下漏斗的尾端

漏斗使用完畢後，要當做機械手臂的零件。把漏斗管剪至 1/2" 長，磨去粗糙的邊緣。

3. 接上氣球

把氣球開口端裝進漏斗，穿過漏斗管之後包住管口。適時使用長鑷子輔助。用防水膠帶固定氣球與漏斗管（圖 **C**）。

4. 在氣球端口接上過濾器

為了避免咖啡粉從氣球內漏出，在開口包上一小塊布當做簡單的過濾器。使用透氣的布，這樣氣泵才能快速抽送氣球中的空氣。

緊緊地把布包在漏斗管上，用防水膠帶固定（圖 **D**）。

5. 接上抽氣泵

現在要把抽氣泵接上漏斗。比較簡單的辦法是把漏斗放進粗軟管的尾端，纏上很多層的防水膠帶，形成（近乎）氣密的管道。

6. 抓取物品！

可以開始使用你的萬用機械手臂了。先把氣球充點氣，讓咖啡粉鬆散得可以散佈在物體周邊。接著緩緩將氣球壓在要拿取的物體上。

現在把氣球的氣吸出，同時繼續下壓氣球。氣球會縮小，咖啡粉則會固定住物體。當空氣完全被抽出，就可拿起物體。只要繼續維持真空狀態，萬用手臂就可以緊緊抓住物體（圖 **E**）。

要把物體放開，只要把密封處打開，讓空氣進入氣球，物體便會從手臂中落下。如果你快速把空氣打回氣球，會把物體射出去。你可以用這個方式把物體從房間一端射到另一端。

7. 安裝

萬用圓臂適用於所有氣動機器人；只要把圓臂接到機器人的氣管，就能輕鬆抓放各種物體。

想看教學影片，可以到www.makezine.com.tw/make2599131456/220

時間： 30分鐘　　**成本：** 5~10美元美元

材料
» 氣球
» 塑膠漏斗
» 乾燥研磨咖啡粉，新鮮的尤佳。
» 薄布
» 小型塑膠管

工具
» 抽氣泵
» 水果刀
» 砂紙或銼刀
» 防水膠帶

A

B

C

D

E

彈頭，2002 年機器人擂臺的重量級參賽者之一。

ROUND 2 FIGHT!

文、圖：納森．赫斯特　譯：Madison

第二回合，開始！

機器人格鬥從未消失，現在機器人大擂臺強勢回歸電視螢幕

前機器人挑戰賽（RoboGames）冠軍柴克里·萊特爾（Zachary Lytle）的公司Bot Bash曾經出現經營困難。把機器人擂臺搬到生日派對聽起來雖然是不錯的點子，卻因為很簡單的理由失敗了──孩子們無法區分兩臺對戰機器人有什麼不同。「我開發了會互毆的灰色箱子。」萊特爾說。

他當時的女友（現在的太太）建議他，應該要賦予機器人一些個性。黛安娜·萊特爾（Diana Lytle）現在也是個花俏的機器人挑戰賽參賽者，她不但幫機器人取名字，像是兔寶寶、雪女等等，甚至還為它們加上不同造型。為機器人設定角色聽起來有點可愛（它們應該不太在意自己是什麼顏色），但也很重要。有些時候，一個機器人只要小小變化一下，變成黑色、粉紅色，或換一張惡魔圖案的臉。

跟職業摔角有點像，機器人格鬥的戲劇性來自兩方的互毆的樂趣。與職業摔角不同的是，機器人間的格鬥會帶來設計、機構和操作技巧上的進步。聯盟和競賽則帶來類似達爾文主義的生態，是把機器人設計得更好的動力，有時需要對抗，有時需要結盟。當然，其中最知名的是美國喜劇中心（Comedy Central）的熱門實境秀「機器人大擂臺」（BattleBots）系列。沉寂超過10年後，ABC電視網決定重新上檔。

「時候到了，機器人大擂臺該回來了。」機器人大擂臺共同創辦人克雷格·曼森（Greg Munson）說，「如果能在國際上播出，不只美國，甚至全世界未來的發明家、工程師和Maker會受到啟發。」

新的節目將在2015年夏天播出，呈現更新穎、更先進的科技──尤其是電池和馬達方面──以及新的規則。例如，楔型機器人常被認為是上一代機器人大擂臺失敗的原因，現在必須配備第二件武器。「你必須要在工程上有所改變，才能獲得新的機器人。」曼森說。

我們的熱情所在

業餘和專業機器人設計者之間的競爭，在螢光幕前後已經持續幾十年，機器人大擂臺中最明顯。「最迷人的地方是，兩臺機器之間搏鬥至死，而沒有任何人類受傷，」曼森說，「同時我們都享受到破壞的樂趣。」

機器人大擂臺的另一位創辦人艾德·洛斯基（Ed Roski）表示贊同。回想他自己的格鬥經驗，「我可以全力拼搏、破壞對手，沒有任何後顧之憂，不會有任何罪惡感。我可以跟你當朋友，然後把你的機器人徹底打爛。」

2000年代中期，機器人大擂臺充斥著缺乏創意的機器人，因難以吸引觀眾而沒落。但現在，在懷舊、群眾募資和網路電視的推波助瀾下，機器人大戰第

二回合要開始了。機器人挑戰賽去年在KickStarter群眾募資平臺上募得超過其目標金額40,000美元的資金，今年四月舉辦由格蘭·今原（Grant Imahara）主持的現場節目，有總長3分鐘的機器人格鬥，以及超過53場其他競賽，包括相撲、提舉和載物。

由於機器人格鬥聯盟MegaBots計劃的群眾募資結果遠低於其180萬美元的目標，短期內我們無法在競技場或體育館看到15呎高、有人駕駛的人形機器人互毆。但MegaBots透過歐特克（Autodesk）的協同設計大賽獲得協助，可使用歐特克在舊金山九號碼頭的工作坊。團隊於2015年5月灣區Maker Faire展示他們的機器人半成品。

Botrank.com重量級排名第一的是楔型格鬥機器人「原罪」（Original Sin），它的設計者蓋瑞·金（Gary Gin）幾乎參加了每一場機器人挑戰賽，也參加過多場早期的機器人大擂臺節目。「現在機器人格鬥已經是Maker的全民運動了，而每個人在參加比賽前都必須弄出些作品。」金說。此外，金表示，最棒的參與方式就是親臨現場。「你可以在電視上或網路上看到很多機器人格鬥比賽，但是這些都比不上實際在競技場旁感受來得強烈。你可以聽到現場的聲音、氣味，有時甚至感覺到整個地板在振動。」

這可能是近來電視節目失敗，但是格鬥競賽仍然存在的原因。機器人挑戰賽創辦人大衛·考金（David Calkin）認為，電視節目失敗並不是因為內容不受歡迎。「我一直覺得機器人格鬥是一種運動。它

「活動扳手」（Crescent Wrench）使出連續技，抓住「大聲公」（Ringout）把它掀翻。

萊特爾的原創冠軍機器人「微驅動」（Micro Drive），也是他的全尺寸格鬥機器人「過驅動」（Over Drive）的原型。

Bot Bash 整組格鬥團隊。

Hep Svadja

Megabot 團隊的格鬥機器人概念圖，可看出其尺寸規模。

David Schumaker

賽事的氣味、聲音和溫度是機器人格鬥現場才能感受到的完整體驗。

雷·比林斯（Ray Billings）開發的旋轉棒機器人「最後儀式」（Last Rite），在機器人挑戰賽重量級賽事中摧毀對手 V06 時噴飛的火花。

有 NASCAR 賽車的刺激和爆炸場面，而不會有任何人受傷。你觀賞任何運動，都是在觀賞它的動作。」

大復活！

但是機器人挑戰賽也未能在現場直播電視上成功。雖然簽了許多合約，最後都以失敗收場。考金說，機器人挑戰賽並未被歸類於運動類，而是以低成本內容為主的實境節目類，這對機器人挑戰賽來說並不是好事。據考金的估算，機器人挑戰賽製作費約 100,000 美元，不包括機器人的毀損成本（雷·比林斯的旋轉棒機器人「最後儀式」是「原罪」最強勁的對手之一。比林斯說，每場比賽毀壞的馬達和機械零件大約價值 5,000 至 10,000 美元）。考金說，40,000 美元 Kickstarter 群眾募資根本連場地費都不夠。所以他們會銷售門票，並自行製作節目內容，在網路上播放。

機器人格鬥
比賽簡史

機器人大戰（Robot War）
1994 年至今
電視播出：BBC，1998-2003

機器人大擂臺（BattleBots）
1999-2002、2005
電視播出：喜劇中心，
2000-2002；ABC，2015

Robotica
2001-2002
電視播出：TLC，2001-2002

機器人挑戰賽（RoboGames）
2004-2013，2015 年 10 月
電視播出：科學頻道
《殺手機器人》，2011（一集）

機器人格鬥聯盟
電視播出：Syfy，2013

良性循環

在創立 Bot Bash 之前，萊特爾就曾多次獲得機器人挑戰賽冠軍。當贊助商在經濟不景氣期間抽掉贊助，他在尋找資金上陷入困境。一路跌跌撞撞的萊特爾累積近十年的經驗和零件，最終創立 Bot Bash。

他仔細地設計機器人，以最大化娛樂效果，最小化損耗。馬達要裝在有彈性的材料上，儘量減少驅動軸和變速器受到的衝擊。溫度感測器和變壓器會在機器人溫度過高時關閉機器人，避免損壞。

不過破壞無法完全避免，而且這也是機器人格鬥的看頭之一（和操控樂趣所在）。

「孩子們最興奮的時刻就是輪胎掉下來的時候。他們會大喊『天哪！我把你打死了！』」萊特爾說，「機器人格鬥中沒有犯規」。

萊特爾在 Bot Bash 中所學到的都在機器人挑戰賽發揮出來。他說：「當你每個

週末都在玩機器人，自然能抓出所有的錯誤。」他的機器人一個週末要格鬥 8 小時，有些格鬥機器人的一生也不過 8 小時。從他的成果也看得出來——他的「微驅動」在 2006 年至 2007 年間贏得 150 克量級冠軍。他的「炸彈」（The Bomb）機器人則在 2008、2012 和 2013 和 2015 年贏得 1 磅級冠軍。黛安娜·萊特爾的機器人「灰塵兔」（Dust Bunny）也在 2015 年獲得 150 克冠軍。機器人挑戰賽影響了 Bot Bash，Bot Bash 也回過頭來影響著機器人挑戰賽。

機器人大擂臺的試煉

機器人格鬥的意義遠不只冠軍頭銜和排名。傑森·巴帝斯（Jason Bardis）是另一個前機器人大擂臺冠軍，現在是美國國家導彈防禦系統（MDA US System）的資深機構設計師。美國國家導彈防禦系統就是為火星任務打造機械手臂的公司。

巴帝斯曾經多年靠著參加小規模機器人格鬥比賽勉強過活。他 1996 年和 1997 年進入機器人大戰（Robot War）（在機器人大戰在電視上播出之前），但表現不佳。他也參加了拉斯維加斯拖車停車場的 Robo Joust 資格賽。後來機器人大擂臺

開始了，在好萊塢的影響力下帶來更多資金和知名度。

接著巴帝斯的表現漸漸有了起色。他兩次贏得60磅輕量級冠軍，加上一次16隻機器人大亂鬥冠軍，其中大亂鬥的陣容還包括會把對手逼上絕路的擬人楔型機器人「地獄之火先生二世」(Dr. Inferno Junior)。有了贊助和商業活動，巴帝斯甚至開始藉著參加機器人格鬥賺錢。「我的祕訣之一就是，我是個窮研究生，錢花得不多。」他說。但機器人大擂臺在電視上播出後，機器人損壞的資金缺口更難填補。軍備競賽不斷升級，機器人的破壞程度更嚴重。巴帝斯結了婚、有了小孩，也背了貸款，就此退出機器人格鬥界。

不過他所累積的經驗沒有白費。就學期間，他在大學的機房設計、打造和修理格鬥機器人，從中獲得的知識是帶不走的。他學到了最基本的設計原則：盔甲厚度、材料和緊固件強度、如何接線、如何設計出容易維修和更換零件的機器。「我獲得豐富的實作經驗、黑手經驗甚至做到滿手血的經驗，是我的同學們所沒有的，比從我的博士論文學到的還多，這對我的職業發展和社交生活都有莫大的幫助，比我的學歷、實習經驗都更有用。」他學到怎麼製作耐操的東西。當他面試機器人公司的工作時，所有面試官都想聊聊機器人大擂臺。

現在他指導比賽，擔任比賽評審，演講，希望能成為新機器人大擂臺的評審。和金一樣，巴帝斯也推薦現場觀賽。「所有人應該做的第一件事就是現場觀賽。你可以在電視上看，在Youtube上看，看現場直播，但是這些就像用吸管看Imax一樣。」他說，「你沒有看到全局。你沒有聞到機器人的味道，沒有感受到機器人，沒有感到腳在振動，沒有看到旁邊的人的微笑。」

金、巴帝斯和曼森都提到味道。「很臭，有電池燒焦的味道、內燃機、潤滑油還有東西撞在一起產生的類似臭氧的味道。這些味道讓比賽更刺激。如果有嗅覺電視的話會不錯。」曼森解釋道。

他們從未離開，但不管你是否能聞到他們，格鬥機器人終於回來了。●

如何幫你的
機器人 挑選顏色？

文：克雷格・戈登・圖：蒸特・凡・戴克

為什麼今天的人形機器人都是白色？可能是因為白色是中性的顏色，也可能是因為Apple讓白色成為高科技的象徵。無論如何，我們不希望人們忘記流行文化中五彩繽紛的顏色，它們賦予機器人不同的意義。可以參考這些意義來設計你的機器人！

藍色是警察機器人，現在沒有人想要。
實例：《成人世界》的查皮（Chappie）；《飛出個未來》的URL。

黃色和橘色是工程用機器人。
實例：《瓦力》的瓦力；產線機器手臂。

紅色和黑色機器人是邪惡或獨裁的。
實例：電影《2001太空漫遊》的HAL 9000；《黑洞》的Maximilian；《駭客任務》的烏賊機器人（Sentinels）。

銀色機器人是50、60和70年代到地球審判或是殺死人類的外星人。
實例：《當地球停止轉動》的古特（Gort）；《星際大爭霸》（最早版本）的賽隆人（Cylon）。

金色機器人就是狂妄，你很難超越C-3PO。
實例：《星際大戰》的C-3PO。

日本獨佔粉紅色機器人市場。
實例：《電腦戰機VIRTUAL-ON》的飛燕；《變形金剛》的艾茜（Arcee）。

尚未被定型的顏色，試試綠色或彩虹。彩虹是最新的流行趨勢！
實例：機器人獨角獸攻擊的機器人獨角獸。

紫色是本來應該幫助我們對抗入侵外星人，結果卻導致人類毀滅的巨型神經質機器人。
實例：《新世紀福音戰士》的初號機；《X戰警》的哨兵機器人（Sentinels）。

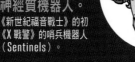

白色機器人很可愛，會尋找植物，讓我們可以回到地球而不是待在太空船中變胖。
實例：《瓦力》的伊芙；Honda的雙足行走機器人ASIMO。

COMBAT CONCEPTING WITH CARDBOARD

厚紙板上的概念搏鬥

以低科技工具做模型，測試你的構想

文：札克瑞・萊托 譯：謝孟璇

Hep Svadja

A

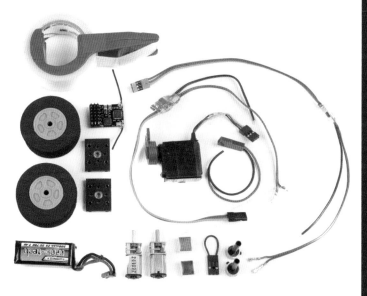

B

時間：
4小時
成本：
200美元

札克瑞・萊托
Zachary Lytle
是 RoboGames 大賽六次的
冠軍得主，打造機器人14
年以上。他也是「Bot Bash
派對」的創辦人，朋友的生
日派對或活動，就是他迷你
機器人的即時戰場。

材料

» 電子速度控制器（2）
FingerTech Robotics
tinyESC v2.，
fingertechrobotics.com
» 迷你接線盒（1組）：
FingerTech
» 軸承器：FingerTech
» 輪子（2）：FingerTech
LiteFlite，直徑 1.75"
» 集線器（2）：FingerTech
Lite Hubs
» 電池：LiPo，Nano-Tech
2S（7.4 V），High-
Discharge 250mAh，
FingerTech
» 連接器：JST 接口，母座，
FingerTech
» 伺服機：高壓，Hitec high
voltage HS-5087MH
» 伺服機外殼：Hitec 標準型
（131SS）
» 減速馬達（2）：50:1，三洋

工程專家總戲稱我們這一套做法是玩具模型工程，但我的機器人團隊為它想了一個宅宅的名稱，叫「C.A.D.」，即「紙板輔助設計」（Cardboard-Aided Design），意思是使用低階技術的工具測試新機器人的設計。

經常有人問，我是從哪裡得到這些戰鬥機器人的新點子。其實，設計的靈感來自四面八方，而且不斷進化。有時是我看到的、想到的、夢想擁有的東西；有時是與他人腦力激盪出來的火花。新構想也可能是在處理材料或與機器人打鬥時浮現，總之你可以多嘗試一些方式。

在這個過程裡，需要模擬實際的尺寸，畫出自己的構想，切割所需的零件樣式，然後實際組裝而成。藉由厚紙板機器人測試自己的構想是否可行，成功後就可以開始利用別的材料設計機器人。

決定綽號與功能

我建議先想出一個很炫的綽號，傳達這臺機器人的特色，像是「虎克船長」，或「大白鯊」。一旦有了名字，接著要決定機器人的功能，也就是它的戰鬥能力。

好比說，你可以選擇做一隻夾鉗機器人，利用上下咬動的強大下顎，把對手的輪子抬起來；或者裝上一把鋸子或鎚子。不妨研究一下過去幾任冠軍的設計，激發自己的創意。

無論你想做什麼，先從畫草稿開始，知道這個機器人的外型，然後列出組裝零件表。儘量挑選常用或評價高的零件。左頁的機器人（圖 A）叫「爆牙」（UnderBite），零件大多來自

「手指科技機器人零件製造公司」（FingerTech Robotics），再加上一個 Hitec 伺服機，與一對 50:1 的三洋（Sanyo）馬達（圖 B）。

打造你自己的紙模板

首先，把所有的零件放到厚紙板上，儘可能排列出最緊密的樣子（圖 C）。在紙上描繪出形狀，接著開始裁切；裁切時要小心，因為這是之後組裝要用的模板。裁出底部後，用膠帶固定其他部位（選用紙膠帶可避免殘膠），然後開始處理前方的直立尖劈。裁出彎鉤的形狀，黏在機器人前方，接上輪子，最後確認地板淨空。

當我黏上尖劈後，便注意到有些不對勁，紙板太大片了，比例不當。我決定減去兩成的面積，把紙板四邊各裁去 ½"。

這是 C.A.D. 最美妙的地方，你可以看著機器人，在不需拆解的狀況下直接做修正。如果你不喜歡組成的結果，只要拿起剪刀就能調整。

接下來，我在整個結構中間割出一個洞好裝上伺服臂組，不過結果不如我所想。如果洞口要大到可以容納整個伺服臂組，機器人就必須被切成一半，可是這樣會破壞整體的架構與設計。為

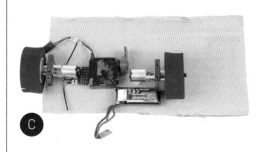

C

軟體 VS. 紙張

我曾經用電腦設計過機器人模型，每個零件都製作精密，好比「炸彈」（The Bomb）這件作品，它為我贏回 RoboGames 大賽四項金牌。不過另一件金牌作品「微型硬碟」（Micro Drive）只用了一張厚紙板與三張繪圖紙，卻也為我拿下首座冠軍。它所需的製作時間只佔電腦模型的一小部分，照樣風光贏回兩項金牌與一項銀牌。所以真正的問題是，你是喜歡花時間在電腦前還是工作檯前？

設計上的考量

機器人的設計充滿可能，沒有絕對的標準做法，但設計時確實評估一些問題。兩輪好還是四輪好，這個爭論永無止盡。車輪該外露呢，還是隱藏呢？哪種武器最強？你想裝載一種以上的武器嗎？答案都是你自己喜歡就好。不妨打造符合你個性與駕駛風格的那種。

反覆嘗試，從錯中學是免不了的。兩輪機器人旋轉快速，易於打造，但是較難維持直線駕駛。四輪機器人旋轉較慢，可是易於控制，對手難以命

中你的要害。外露的輪子容易被掀起，但輪蓋也可能被折彎而鎖死輪子。也許，損失一個輪子後還有三個輪子能跑，是比較理想的戰略。

武器太多有可能讓機器人過於複雜，或承載過重。不過，尖劈裝甲是玩家一致肯定的功能，它們最容易鏟入敵方機器人的底盤，使我軍佔上風。即使你的武器完全毀損了，至少你還是一隻基本的尖劈機器人，能繼續在比賽裡戰鬥下去。

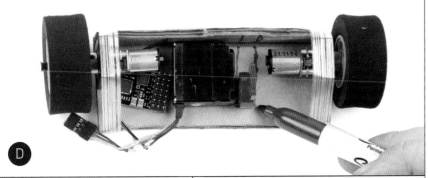

D

E

F

G

了修正問題，我把伺服機翻轉90度（圖 **D**）。這個小步驟再次證明了C.A.D.設計上的彈性。旋轉過後，我只需要一小塊空間就能裝載伺服臂組。

加入自動扶正功能

對任何戰鬥機器人而言，最大的考量，都是要如何在被對手翻倒後，自動扶正回備戰姿勢。我粗略的構想是設計靜態翻滾的機制，也就是把它的上顎設計成能自然翻成正面的形狀。於是，上顎的彎曲程度就需要很仔細設計。機器人的重心必須放得很低而且偏後。這就是C.A.D.大放異彩的時候（圖 **E**）。

我把電池（重量最重的零件）安裝在靠近後方的位置。接著，裁下一片形狀像鉤子的紙板，將它們緊緊地黏在機身上。然後我把機器人翻過來檢查，看它是否轉回正面。幾次嘗試，而且小心修剪紙板後，它終於能完成自動扶正。

打造攻擊武器

最後，為了製造武器，我再剪下另外兩片紙板。我通常以機器人的武力發想名字，因為武器通常是大家第一個注意到的部分，這樣名字也比較好記。先在紙板上做好模型（圖 **F**），我才會製作金屬版本。

這個版本上，「爆牙」的武器共分為三部分：兩條銼成尖牙狀的鈦軌，以及一塊彎曲成U型的防彈塑膠板。這塊塑膠板是有彈性的，直接接到伺服機臂組上，能讓武器彎曲並緩和衝擊。鈦製武器也能保持優勢，抬起對手的底盤。為了不辜負「爆牙」威武的名字，我讓這雙倒鉤的尖劈看來尖牙利齒。現在，我終於能切割真正的金屬了（圖 **G**）。

盡情發揮

這些只是其中一種可能的設計，你可以盡快開始用C.A.D.來實驗下一隻機器人。這能快速測試新點子，我所有的機器人幾乎都是這樣設計出來的。既省錢也省材料，可以應用在大部分的設計上，你能完全掌握自己機器人的設計美學，在結構與武器上發揮個人特質。如今，想打造一隻戰鬥機器人，你需要的只不過是厚紙板、剪刀，與一些閒暇時間就夠了。 🔗

準備好上場了嗎？到這個網頁，分享你的紙板機器人暱稱與構造：makezine.com/go/cardboard-robot-prototype

Skill Builder

隨時可能會用到的
小技巧
文：喬丹・班克
譯：王修聿、張雅涵

想要製作某個專題，卻感到棘手？這個專欄挖掘一些可能會用到的工具和技巧，希望幫助 Maker 突破困境，順利完成手中的專題。

烙鐵頭

烙鐵頭款式五花八門，有各種形狀、尺寸，用途廣泛，從珠寶製作到水管工程，甚至是花窗玻璃，適所需場合而定。此次我們會介紹三種最常見的電子製作用烙鐵頭：斜頭、尖頭和一字型烙鐵頭。

斜頭（又稱馬蹄頭）

平整的表面比其他烙鐵頭能負載更多焊料，適合用於焊接小口徑金屬線或一口氣將焊料推至表面黏著晶片各個接腳進行焊接。

一字型

一字型烙鐵頭的寬頂端能將熱平均傳至元件導線和護墊上。平滑的頂端適合焊接金屬線、穿孔元件、大型外裝零件和解焊。

尖頭

尖頭型烙鐵頭通常用在焊接精密電子上，不過一般元件的焊接也常用到它。它的尖端能處理小範圍傳熱，像是微型表面黏著元件就可用它焊接。

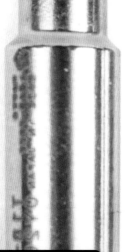

特殊烙鐵頭

市面上的烙鐵頭用途各異，有各種專門設計的類型——而且有時候不盡然用來焊接。例如，鏟形烙鐵頭是用來去除LCD玻璃上的UV膠。

注意：

不同品牌的烙鐵和烙鐵頭通常不能互換，因此購買前請先確認烙鐵頭的廠商。

銼刀

銼刀是很基本的工具,但不如想像中容易掌握。銼刀依不同功能分成不同的斷面形狀、切齒粗細及齒紋形式。

無論是用來打磨還是拋光,必須先瞭解銼刀的基本知識,才能選擇適合的刀種。

切齒粗細

銼刀的切齒粗細一般分成4種:細切齒、中切齒、粗切齒(bastard,原以其英格蘭發明人 Barsted 為名)和特粗切齒。切齒粗細即是指切齒本身的大小,細切齒尺寸最小,特粗切齒的尺寸則最大。使用大切齒磨過的表面會較粗,小切齒則能磨出較平滑的面。

齒紋形式

銼刀齒紋又分成單線和雙線。單線銼刀的刀面只有一排平行的銼齒,雙線銼刀則有兩排互相交錯的平行銼齒。單線銼刀適合用來磨削工具或是去毛邊,銼削力較強的雙線銼刀則適用於粗銼。

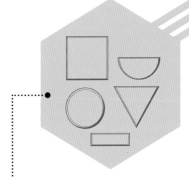

斷面形狀

選用銼刀時,應以銼削物的斷面形狀選擇相對應的銼刀。舉例來說,平銼可用來磨平面,圓銼則可用來打磨鑽孔的內緣。銼刀依斷面形狀一般可分為平銼、三角銼、半圓銼、圓銼和方銼。

這是一支細切齒的單線平銼。

這是一支粗切齒的雙線平銼。

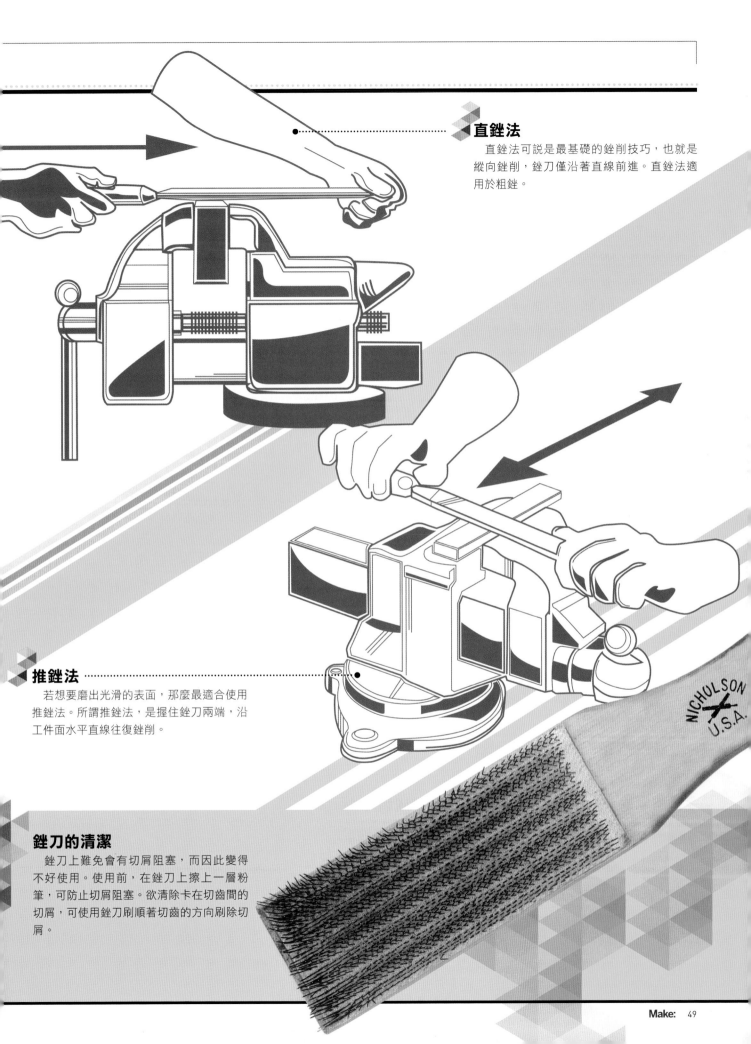

直銼法

直銼法可說是最基礎的銼削技巧，也就是縱向銼削，銼刀僅沿著直線前進。直銼法適用於粗銼。

推銼法

若想要磨出光滑的表面，那麼最適合使用推銼法。所謂推銼法，是握住銼刀兩端，沿工件面水平直線往復銼削。

銼刀的清潔

銼刀上難免會有切屑阻塞，而因此變得不好使用。使用前，在銼刀上擦上一層粉筆，可防止切屑阻塞。欲清除卡在切齒間的切屑，可使用銼刀刷順著切齒的方向刷除切屑。

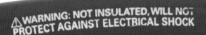

警告：非絕緣，不保證可以防止觸電。

剝線鉗

　　剝線鉗的重要性經常遭到忽略，等到發現工具箱少了一隻剝線鉗就來不及了。以下為4種常見的剝線鉗。

附刻度盤的剝線鉗

這是最簡易常見的剝線鉗，
每隻剝線鉗僅適用於
幾種標準直徑的電線，
因此若需同時處理大直徑和
小直徑的電線，
可能會需要兩隻以上
附刻度盤的剝線鉗。

手調式剝線鉗

　　這可能是最便宜的一種剝線鉗，手動調整剝線鉗上止動螺釘的位置，就能適用於不同直徑的電線。雖然很好用，但若是一次要處理多尺寸的電線時，不斷手動調整可能會顯得很麻煩。

自動調整式剝線鉗

　　其價格雖然比一般剝線鉗都來得高，卻也最好用。只要將電線放入鉗口，再合緊把手，就能除去電線端的外皮。這種剝線鉗挺好用的，不過處理較小直徑的電線時，會很容易出問題。如果一次有大量的電線需要剝皮，使用自動調整式剝線鉗能幫你省去很多時間。

附刻度盤的自動剝線鉗

　　若想找專業剝線鉗，買這個就對了！這種剝線鉗結合了刻度盤剝線鉗和自動剝線鉗的優點，只消一隻剝線鉗，就能完美發揮兩種功效。其刀片可以依不同直徑置換，剝線本身因此變成了一種樂趣。

角尺和直尺

將角尺置於圓面上,並且使其外角對準圓面的邊緣。拿一支直尺,對準角尺兩端與圓面邊緣的交叉處,並橫置於上。沿著直尺內側畫一條直線。

將角尺翻到另一邊,重複第一步驟,畫另一條直線。

角尺

將角尺置於圓面上,並且使其外角對準圓面的邊緣。沿著角尺外側畫兩條相互垂直的直線。

用直尺對準其中一條線,畫上第三條線與之垂直。接著將角尺當作直尺來用,將兩條平行線的對角連起來。

你沒有角尺嗎?只要是紙張、書或任何有直角的物品,就能拿來作標記。

FINDING THE CENTER

尋找中心點

若需要在圓形工件的中心點鑽孔的話,就得想辦法尋找中心點。尋找中心點的專用工具不便宜,不過也可以選擇使用簡單的量測工具,並且按照這些簡單的步驟來尋找中心點。

角尺和三角尺

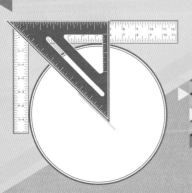

將角尺內側對準圓面外緣,再將三角尺平放於上,其短邊對準角尺內角,此時沿著三角尺的長邊畫一條線。

將圓面旋轉180°後,重複第一步驟,再畫另一條線。

PVC管

　　PVC 管這種材料非常萬用，在大大小小的自造項目都能派上用場。無論是用來自製家具，進行藝術創作，或者只是單純拿來替自家水槽配管，以下幾個技巧都能讓你的製程更加順利。

　　由於 PVC 管為圓柱狀，在上面鑽孔或切割時，管身很容易滾動，因此最好使用虎鉗固定。你也能利用 V 槽塊，將管子鉗在木塊上，以固定於桌面。

　　PVC 是一種軟質塑料，因此使用木製鑽頭和金屬製鑽頭鑽孔皆可行，若需要鑽較大的孔，則可使用鏟形鑽。鑽孔時，欲避免鑽頭滑動，可使用鐵鎚搭配鐵釘或者中心衝削下一小塊管皮。

　　若想要裁切直徑較小的PVC管，最簡單的方式就是使用PVC專用棘輪剪線鉗。這種工具大概只要10美元就能買到，而且輕輕鬆鬆就能裁切小直徑（直徑在1½"以下）的PVC管。若要裁切大直徑的PVC管，則建議使用弓鋸。

提示：
手邊沒有弓鋸或水管剪嗎？拿條繩子綁在PVC管上，手握住管子兩端。只要將繩子綁緊，手持管子兩端來回拉鋸，就能運用繩子的摩擦力來裁切管子。

黏合 PVC 管
　　想要牢牢接合 PVC 管，就使用 PVC 介面劑和 PVC 接著劑。介面劑能夠清潔處理 PVC 表面，而接著劑中所含的溶劑則能產生黏性，緊緊黏合 PVC 表面。在五金行，常會看到介面劑和接著劑包裝在一起銷售。

注意：
如果你在製作的自造項目，是像馬鈴薯砲這種會使用到PVC管，還會牽涉到高壓作業的話，那麼請千萬要小心！PVC管多半不太能承受高壓作業或是壓力的劇變。記得做好安全措施，且有任何疑問就趕緊請教專家。

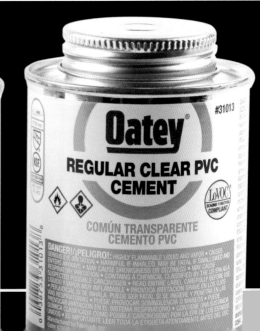

真空計

如果你的專題有用到真空幫浦，真空計可幫助你測量氣體排出時的內部壓力。測量真空氣壓的方法五花八門，我們直接鎖定最常見的一種，亦即波爾登（Bourdon）壓力計。

真空計外殼

波爾登管

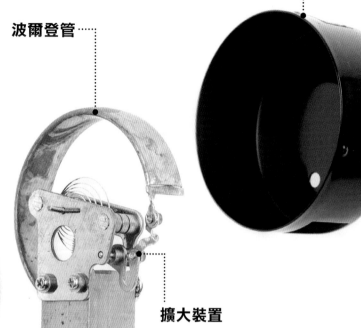

真空計正面

真空計視窗

連接真空腔體

擴大裝置

在波爾登壓力計的中央，有一條C型的扁平管，連接著排氣的空間。管內氣體減少，導致管子微彎，進而驅動另一端的機械裝置。擴大裝置會放大彎曲的力量，驅動指針旋轉，壓力計就會顯示管內的壓力。

真空計壓力值圖表

每一種真空計可以測得的壓力值範圍不同。如果需要測量不同程度的壓力值，這張圖表可以幫助你挑選適合的真空計。

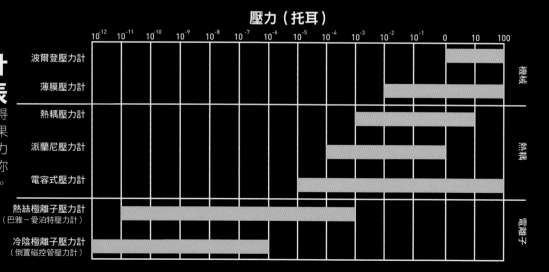

壓力（托耳）

	10^{-12}	10^{-11}	10^{-10}	10^{-9}	10^{-8}	10^{-7}	10^{-6}	10^{-5}	10^{-4}	10^{-3}	10^{-2}	10^{-1}	0	10	100	
波爾登壓力計													█	█	█	機械
薄膜壓力計											█	█	█	█	█	
熱耦壓力計										█	█	█	█			熱耦
派蘭尼壓力計								█	█	█	█	█	█			
電容式壓力計							█	█	█	█	█	█				
熱絲極離子壓力計（巴雅－愛泊特壓力計）		█	█	█	█	█	█	█	█	█						電離子
冷陰極離子壓力計（倒置磁控管壓力計）	█	█	█	█	█	█	█	█								

Flusor
核融合反應爐

學到一些小技巧後，就可以在瓶中創造一顆星星了！Flusor核融合反應爐是《MAKE》國際中文版Vol.12的專題，教你在家自製小型的反應爐，利用核融合原理創造星芒。本期專欄中介紹過的工具，在製作這個專題時都會用到——當然啦，以後的專題還是會用到這些工具和技巧，所以可以多加熟練。

makezine.com/go/nuclear-fusor

安裝真空計

打磨法蘭邊緣

對法蘭中心鑽孔

剝除電線外皮

焊接二極體

黏接整流器的
PVC管

PROJECTS

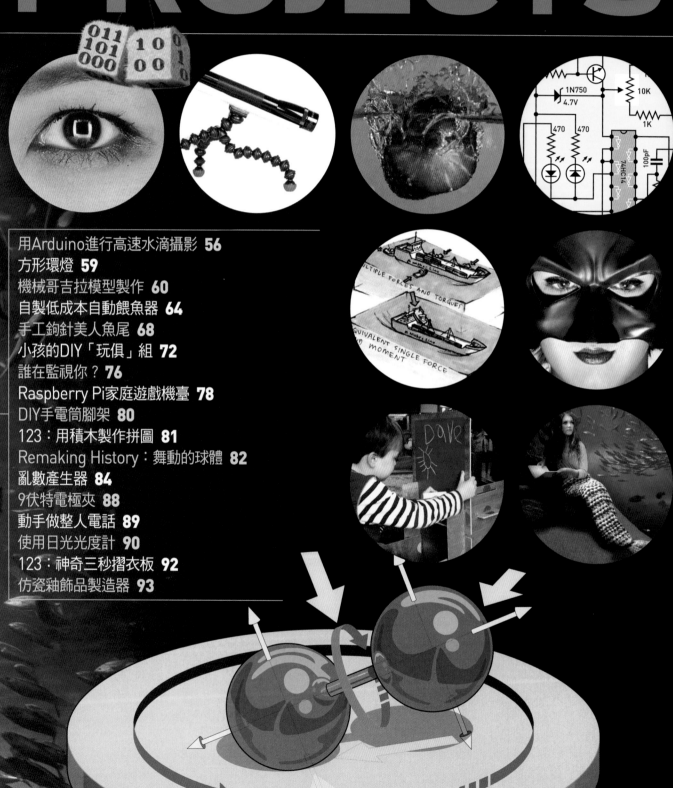

文、圖：湯瑪士・伯格、約翰尼斯・高特華　譯：孟令函

High-Speed Splash Photography with Arduino

用 Arduino 進行高速水滴攝影

這組簡單的設備可以為你捕捉精彩瞬間

湯瑪士・伯格
Thomas Burg

很久以前就是科技宅了（當初還沒有人覺得科技宅帥）。過去在德國的美因茨讀物理，現在則是威斯巴登一家軟體公司的技術總監。喜歡音樂，喜歡多方嘗試各種動手做專題。

約翰尼斯・高特華
Johannes Gottwald

十歲那年從叔叔手中接過 EXAKTA Macro 相機，從此跌入攝影世界不可自拔。在美因茨讀物理，後來在威斯巴登成立自己的公司（42-com.de）

時間：
一週
成本：
100～200美元

以相機記錄物品掉入水面（或其他液體）的畫面，總是特別吸引人——戲劇性的入水瞬間、四處飛濺的水滴彷彿在一剎那間凝結。這些照片在廣告裡很常見，只要到附近的超市、賣場看看，可能就會看到草莓、辣椒或香蕉撞擊到水面的瞬間畫面，被以高速攝影捕捉下來。

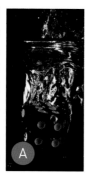

我跟另一位業餘攝影愛好者一起研究（我們都是業餘，我的本行是物理），花了不少時間，試著拍出優秀的「水動態」照片。我們有拍出一些不錯的成品（圖Ａ），但這個過程實在太費時費工了，這張照片可是在我們一晚上拍了幾百張照之後才精挑細選出來的，其他的照片基本上都是物件尚未入水的畫面，或是捕捉到根本已經沉到水面下的瞬間了。

在這個專題裡，我們想教大家用簡單一點的方式，拍出完美的高速水滴攝影照片。利用Arduino微控制板，設定精準無誤的物件入水、閃光啟動時間。

掌握時機

以下三點是進行高速水滴攝影的要素：

» **利用閃光燈「凝結動態瞬間」**：現代的電子閃燈可以透過極微小的孔距瞬間閃燈（少於1毫秒）。所以，如果整個拍攝空間都是黑暗的，這閃燈就能為你凝結動態瞬間。

» **計劃好整個拍攝過程**：整個動態包含什麼步驟？相機該擺在哪？燈光怎麼配置？其他細節呢？

» **抓準時機**：這是一切的關鍵。在我們發想出這個計劃前，一切都是靠嘗試與失敗建構出來的，步驟如下：

　　a. 把物件從手中放開
　　b. 在腦子裡估計物件撞擊水面的時間
　　c. 手動釋放閃燈
　　d. 邊祈禱邊按快門

我們接觸Arduino也有一段時間了，所以我們在想，或許可以把整個步驟中，「估計時間」的那一部分交給Arduino。在多方嘗試後，我們想出了這個專題。感謝Arduino Uno控制的電磁螺線管，現在我們可以隨意捕捉高速水滴的畫面、想拍就拍。

這個裝置並不困難，但是需要多次調整才能得到這個裝置最好的效果。我們的步驟敘述可能不

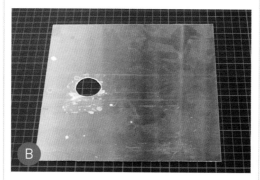

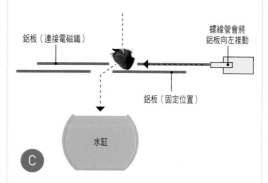

鋁板（連接電磁鐵）　螺線管將鋁板向左推動

鋁板（固定位置）

水缸

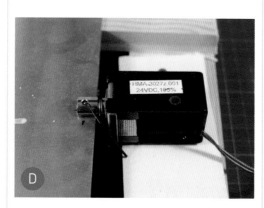

是完全精準，因為每個人的做法跟攝影器材可能有差，不過還是希望大家有興趣，而且能動手試試看！

1. 設置掉落裝置

裁剪兩片相同大小的鋁板，然後在兩片鋁板的相同位置各切出一個洞（圖Ｂ），洞的大小要足夠讓拍攝的物件穿過去，然後入水。圖片中的格子是以公分為單位（1"=2.54cm）

再做一個簡單的木框，讓兩片鋁板都平放在上面，其中一片鋁板擺在下面不動，另一片會在上面滑動，由電磁鐵控制滑動的方向。圖Ｃ就是這些主要組件的裝置示意圖，圖Ｄ是電磁鐵固定在裝置其中一邊的樣子，螺線管的活塞上有一條縫，剛好可以讓上面那片鋁板塞進去。

圖Ｅ裡就是整個木框的樣子，兩側的小邊條

材料

» **Arduino Uno 微控制板**：Maker Shed 網站商品編號 #MKSP99（makershed.com）

» **繼電器擴充板（Relay Shield for Arduino）**：Seesd Studio 網站商品編號 #SLD01101P，內含 4 個擴充板，你會用到 2、3 個。

» **拉式螺線管**：徑長 2 公分、24V DC、10W。我們使用的是 Conard#HMA3027Z.001-24VDC，如果你在美國，可以用 PED#42-120-610-720（newark.com）、Digi-key 527-1018-ND（digikey.com），或是相似的產品。

» **適用於螺線管的電源供應器**，例如：Triad Magnetics #WDU24-300，我是在 ebay 上買的。

» **麵包板**

» **電線**

» **瞬時按鈕開關**

» **供麵包板使用的保險絲座（非必須）**，RadioShack 網站商品編號 #BNC010GYRC，用以保護螺線管的電源供應器。

» **保險絲（非必須）**：250V、1A，RadioShack 網站商品編號 #270-1005，強烈推薦使用。

» **鋁板**：厚 1/16"、大小 2'×1'

» **廢木**

» **玻璃杯／罐**

» **用來丟入水中的小物件**，例如水果、硬幣等等。

» **水／牛奶**

» **食用色素（非必須）**

» **小水族箱（非必須）**：用來避免器材被潑濕

相機、配件：

» **配備微距鏡頭的數位相機**：必須支援手動（M）模式，以控制光圈及快門，最好使用單眼相機。

» **閃燈**

» **閃燈座**：將閃燈與 Arduino 裝置連結，可選擇 Nisha HTS-T（bhphotovideo.com）

» **閃燈同步連接線**：3.5mm，用來連接閃燈座，可選擇 Nero Trigger 網站商品編號 #CABLE-FLASH（bhphotovideo.com）

工具

» **烙鐵**

» **鋸子**

» **電鑽**

» **鏤鋸（鋼絲鋸）或線鋸**，用來在鋁板上切出洞來

» **螺絲釘與／或黏膠**

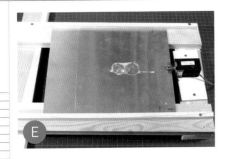

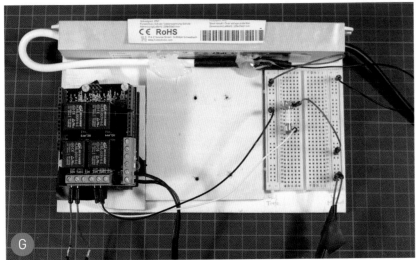

可以導引鋁板,現在還是「預備」的狀態,螺線管馬上就要「發射」了。

2. 掉落裝置測試

要測試掉落裝置,就要先將螺線管接上電源供應器。磁性會決定螺線管是會拉動還是推動活塞,我們需要的是它推動活塞。我們建議,在這個步驟裡再加上一個簡單的麵包板,用保險絲跟按鈕開關做出裝置。

逐步調整兩片鋁板,直到啟動螺線管時,兩片鋁板會剛剛好對準為止。這個裝置讓物件掉落的時機非常精準,圖 F 是啟動後的裝置。

3. 組裝電路的部分

圖 G 是我們的電路,左下方就是Arduino Uno板,上面插著擴充板。Relay#1(有綠色跳線的那個)現在還不需要,接續本文之後的專題才會使用它來控制相機快門。Relay#2(有黑與白色跳線的)連接到麵包板,控制螺線管。Relay#3(黑線)會啟動閃燈。

最上面是螺線管的電源供應器,從右邊會有交流電輸入,然後直流電從左邊輸出(白色的粗電線分成細的紅色、黑色電線,接進麵包板)。

右邊就是麵包板了,保險絲會保護螺線管與電源供應器。電力會從電源供應器輸出,通過Relay#2以及保險絲,最後進入到螺線管(圖 G 右下的綠色跳線)。

4. 編譯 Arduino 並測試電路

接著開始編譯Arduino,就可以完美結合兩者了,非常神奇。到github.com/thomasburg66/PhotoMagnet,下載這個專題的原始碼PhotoMagnet.ino。這段簡單的程式運用了Arduino的序列介面,讓你可以控制高速攝影的時間變數(以毫秒為單位):

```
int delay_before_magnet=1000,delay_
after_magnet=300;
int flash_duration=10;
int magnet_duration=50;
int camera_duration=0;
```

簡而言之,這個程式碼會讓螺線管啟動300毫秒之後,閃光燈閃,然後拍攝的物件開始掉落,掉落距離為20"(0.5m)。不過你需要稍微調整這些變數,才能符合你的裝置需求。

將Arduino與電腦連接,將整組程式碼上傳至Arduino,它就會提示你輸入變數。Arduino開始運作以後,就可以按下Enter鈕,讓它跑完整

個流程。要確定一連串的動作（閃光燈閃、螺線管啟動）在你執行程式的當下就順利運作，如果不是，請重新檢查線路。

5. 拍攝高速水滴照片！

將相機與閃燈擺好，設定成手動模式，選擇好光圈大小與快門時間，以及閃燈的亮度。先試拍幾張，確定曝光值是否恰當。

接著就要抓時機了，以下是幾點建議：
» 開啟Arduino的程式，它會提示你該輸入什麼變數。
» 把掉落裝置上層的鋁板推進螺線管活塞的縫裡。
» 將要拍攝的物件放上「掉落區」（上面那片鋁板上的洞）。
» 確定輸入或選擇各項數值。
» 將拍攝空間的燈關掉，按下相機快門，我們選擇的快門時間是三秒，然後動作快！
» 按下Enter啟動裝置的所有步驟。

仔細觀察整個進程，閃光有沒有太早閃呢？（相片中掉落的物件還沒入水）還是太晚閃了？（濺起的水花早就消失了）調整時間變數，直到準確捕捉那一瞬間。

只要找到正確的時間變數，就可以拍出像圖 H 那樣的完美高速水滴照片了， 上www.makezine.com.tw/make2599131456/arduino25 或我們的網站（immeressen66.com/2014/06/08/experimental-photography-results/）就可以看到更多我們拍出來的成品。

更進一步

接著我們想試著從Arduino控制相機快門，最理想的狀態是，相機及閃燈都能夠用光電耦合器去耦（decouple），然後取代擴充板（雖說擴充板已經夠方便了）。

其他的點子還有：
» 在兩片鋁板上同時鑽出多個孔，就可以一次投放多個物件了。
» 更大的洞與更大的掉落物件。
» 用管子來調整物件掉落的角度。◢

方形環燈 利用DIY裝置捕捉眼中神采
文：以賽亞・雄

攝影師應該都對環燈不陌生，它可以讓模特兒眼中出現美麗的環形光圈，也就是「眼神光」，在時尚雜誌裡常常可以看到這種照片。我們的方形環燈跟它一樣，只是變成方形的。我發現這種眼神光特別吸引讀者的目光。

你需要兩個電子閃光器（電子閃燈）當作光源，其他部分幾乎不花什麼錢，基本上就只需要風扣板、鋁箔、萬用膠帶。

時間：
1小時
成本：
美金15~20元

材料
» 風扣板20"×30"（4）：在1元商店就能買到
» 鋁箔：1元商店購得
» 噴膠
» 萬用膠帶（白色）
» 塑膠桌巾（白色）
» 燕尾夾

工具
» 電子閃光器（2）
» 直尺
» 美工刀
» 剪刀

1. 裁切並折彎風扣板
輕輕地用美工刀在風扣板上劃出三條長條，將三個長條折成一個U字形，並用萬用膠帶固定有刻痕的地方。

2. 加上會反光的鋁箔
將鋁箔揉成一團以後再攤開，這會讓閃光燈的光線更發散，用噴膠將鋁箔黏在風扣板內側。

3. 組裝方型環燈
在一個U型風扣板的一端量出6"的距離，切出刻痕，就可以把它折進另一個U型裡。用膠帶固定住，就成為四方型其中一個角了。重複這個步驟，然後完成四個角。

4. 加上燈光
將一個電子閃光器放在左上角，往下並微微朝向U型板裡面照；再將另一個閃光器放在右下角朝上朝U型板內照。我有一個遙控器可以遙控其中一個閃燈，另一個閃燈則跟著第一個閃燈同時啟動。

5. 自製柔光罩
在白色的塑膠桌布上描出四角環的形狀，四邊都留出1"-2"的寬度，剪下來，用燕尾夾將其固定在四角環上。

6. 捕捉眼神！
可以準備開始拍照囉。上方的照片就是我拍出來的成品，期待看到你們的成果！

機械哥吉拉模型製作
Model Making of Mecha Godzilla

打造經典怪獸電影中的機械大恐龍！

文、攝影：唐嘉穎

1a

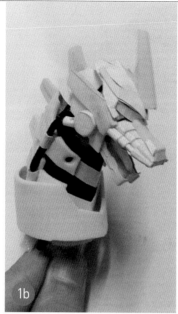

1b

1c

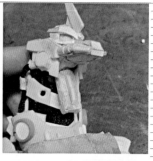

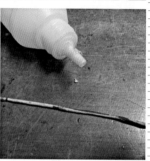

相信無論是大人或小孩都喜歡機器人和恐龍，這次要為大家帶來的作品是機械恐龍——機械哥吉拉的製作。因 Facebook 上一個群組的關係，我漸漸喜歡上了怪獸和哥斯拉系列的角色，也漸漸變成了這些怪獸的粉絲。個人喜歡機械哥吉拉的原因是因為它的機械造型很酷，背景故事也很有趣。機械哥吉拉是由第一代哥吉拉的骸骨改造而成的，而且還保留著哥斯拉的記憶，這樣的由來真是太酷了，也激發了我想進行製作的慾望。

製作機械哥吉拉的材料主要有：泡棉板、毛根、卡紙、繩子等；此次的作品因為途中一直處於停歇狀態，花了非常長的時間才完成。

1. 頭部的製作

機械哥吉拉的頭部是個非常細膩又傳神的造型，在參考了一些機械哥吉拉的玩具和圖片後，將毛根大概纏成頭的形狀，上顎和下顎必須分開，好讓嘴巴能打開，接下來製作嘴巴裡面的裝飾和牙齒也比較方便。頭的形狀成型後，就能使用卡紙做出盔甲。剪出形狀後用膠水黏在毛根上，必須注意的事項是盔甲最好照著順序黏上。

1a. 首先是製作眼睛，機械哥吉拉的眼睛製作為三層，第一層是眼睛裡的直線紋路，是用卡紙剪出直線線條，將卡紙著上黃色後，再用一層透明PVC黏在上面做為眼罩，也就是第二層。之後再將眼睛周圍的盔甲蓋在透明眼罩上，眼睛就完成了。所以眼睛的構造會分成三層，底層是內部的直線紋路，第二層是透明PVC眼罩，最外層是卡紙盔甲。

將毛根纏成頭型之後，用卡紙配搭一些泡棉板製作哥斯拉的盔甲，將整個機龍的造型做出來後，再慢慢地修飾細節。

1b. 然後是製作頸項。首先，用幾根毛根延長頭部的毛根，然後在毛根上包上一層海綿，頸項的根基就完成了。在頸部電纜的部分，我使用了中國結來製作，這樣就能營造出電纜連接的樣子，讓整個模型更加逼真。將中國結剪成大約9條7～8cm長的部分（其實只要能遮蓋住裡面的海綿就行了），再將這些中國結黏在海綿上。完成了頸項的電纜後再加上頸項的盔甲，頸項就完成了。

1c. 接著還要加上尖銳的牙齒。其材料是使用報紙，讓報紙定型的膠水則使用了白膠。首先撕出一小塊報紙，長型較為合適，然後將其戳成條形，之後再撕出一塊一樣長度的報紙，塗上膠水，並將搓好的條形包起來。必須將整條報紙搓得緊緊的，這樣膠水乾了以後報紙才會堅硬。如果搓成條狀後報紙表面還是有很多皺紋，可以在其表面多包一層薄薄的報紙來掩蓋皺紋。待膠水乾透後，就可以剪出牙齒了。剪的方法就是用剪刀對則條狀報紙向斜剪，就這樣剪出想要的數量。之後再將這些牙齒一顆一顆的黏在嘴巴上，嘴巴就完成了。

小祕訣： 使用白膠的原因是因為報紙和白膠融合後，報紙會變硬，這樣就能表現出牙齒堅硬的樣子。

時間：
4～5天
成本：
約400新臺幣

唐嘉穎
出生於馬來西亞，畢業於新加坡南洋藝術學院動畫系，喜歡怪獸、假面騎士，經常用隨手可得的材料來製作東西。
www.facebook.com/tang.j.ying

材料
» 毛根（20）
» A4 卡紙（2）
» 繩子（1m）
» 中國結（1m）
» A4 透明 PVC（1）
» 泡棉板（EVA）
» 布
» 海綿
» 報紙

工具
» 剪刀
» 膠水
» 膠紙
» 白膠
» 壓克力顏料
» 打火機

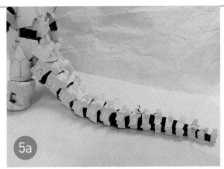

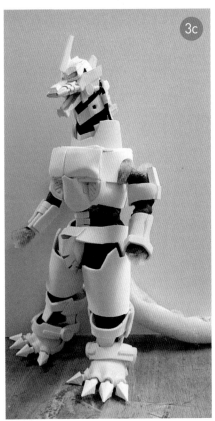

2a. 身體也是利用毛根纏出骨架,然後和頭部連接。由於機械哥吉拉的身體龐大,所以必須用多一些毛根好讓整個骨架紮實。骨架完成後,在身體和腰的部位黏上一層海綿,這樣可以填補盔甲內空心的問題,待會會比較容易製作盔甲。黏上海綿後再包一層布,用來掩蓋海綿,也能算是機械哥吉拉的皮膚吧。在製作身體時就必須決定哥斯拉的整體形狀,之後我們就會照著這個形狀在身體上製作盔甲,身體的形狀決定了整個作品的外觀。一切都完成後,就能進行盔甲的製作了。

2b. 盔甲的材料大部分是由泡棉板做成的,比較細小的部分則是由卡紙剪出來,有點像紙雕的感覺。由於機械哥吉拉的身體龐大,所以身體有些部分會是空心的,例如胸部就是將2片泡棉板黏在骨架的左右側上搭建出來的,感覺就像個盒子,泡棉板和身體之間會有空間,然後才在正面做出胸部的造型。機械哥斯拉的背部也是使用和胸部一樣的做法,這樣可以節省一些材料的使用,但是過於空心也不行。

身體上的小裝飾與細節則會用之前剪剩下的泡棉板或者卡紙來製作,這樣就能廢物利用了。

3. 製作手腳

3a. 手和腳的部分都是用毛根纏出來的,然後用泡棉板在纏好的手上做出盔甲。手指則是使用細的毛根,一根根對折做出來。

3b. 在盔甲製作方面,比較圓潤的外型會使用泡棉板,因為容易定型成想要的形狀;比較方正處則使用卡紙,看起來比較堅固。

3c. 腳部的盔甲也以一樣的方式製作出來。

4. 製作背鰭

接著就可以進入背鰭的部分。因為機械哥斯拉的背鰭都是一片一片的長在背上,所以直接用泡棉板製作最合適了。背上的鰭有不同的大小,都是使用泡棉板來製作。但是,比較大片的鰭則會使用2片剪好和泡棉板一樣形狀的卡紙將泡棉板夾在中間,這樣就能不讓大片又軟的泡棉板背鰭走形了。

> **註釋:** 泡棉板鰭上的紋路可以用筆畫出來,但卡紙的就必須剪出來。

5. 製作尾巴

尾巴的構造是由4～5條毛根組成,在毛根上包上一層海綿,海綿的形狀必須呈三角形,尖的部分為尾巴的末端。包上海綿後再包上一層布,這樣基本的尾巴就完成了。

5a. 接下來在尾巴上加上盔甲,尾巴上一節一節的盔甲都是有一片片的卡紙做成的。首先將卡紙剪成機械哥斯拉尾巴盔甲的形狀,有大有小,這部分必須要有非常的耐心,因為數量蠻多的。建議玩家從大的部分做起,一節節地做到尾端。玩家也能在每一節盔甲完成後直接做出盔甲的細節,而我是在整條尾巴的盔甲完成後再添加細節。

5a

5a

5a

5b. 尾巴上的鰭則是使用剩下的泡棉板碎片，剪好後一個個黏上，完成尾巴令人非常有成就感呢。

6. 上色

6a. 終於到了上色的環節，首先，在表面上一層銀色，待顏料乾了後再塗上多一層銀色，這樣做是為了讓顏色看起來均勻。上好銀色後再用淡淡的黑色來呈現陰影部分，線的部分也能用淡淡的黑色畫上。

6b. 牙齒的部分則是先上一層乳白色，乾透後可以使用淡淡的紅色與黑色來漬洗牙齒的表面，趁顏料還沒乾透時抹掉牙齒的尖端，讓牙齒尖端保持乳白色，這樣牙齒看起來更加逼真。

6c. 全數上色完畢之後，氣勢懾人的機械哥吉拉模型就大功告成了，圖為從正面看的樣子。

7. 總結

因為Facebook群組的宣傳而愛上了哥吉拉系列，雖然很喜歡裡面的角色，但是哥吉拉系列的模型商品一般都不便宜，於是便自己做了一個來玩。這一次製作的模型比以往的大了一些，而且也嘗試了新的方式來製作牙齒，以前嘗試用泡棉板剪出牙齒，但是效果不佳；現在使用了報紙，希望能營造出堅硬的效果，結果還算不錯，逼真度也有所提高。除此之外，這次也用了不少繩子來製作機械哥吉拉的電纜管，希望能把模型做得更逼真。機械哥吉拉的製作從年頭開始，期間停歇了一陣子，現在終於完成了！若您也喜歡機械恐龍的話，請務必動手製作看看。🗗

更多模型製作資訊請見www.facebook.com/handcraftrider。

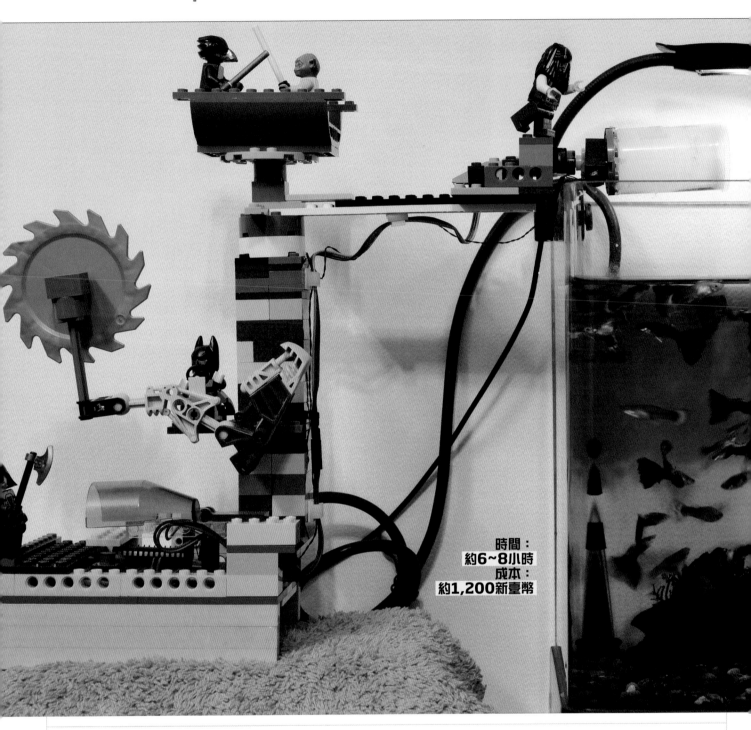

時間：
約6~8小時
成本：
約1,200新臺幣

Arduino
Automatic Fish Feeder
自製低成本自動餵魚器

文、攝影：黃泰穎

自從完成後再也不用操心魚兒會餓肚子了！

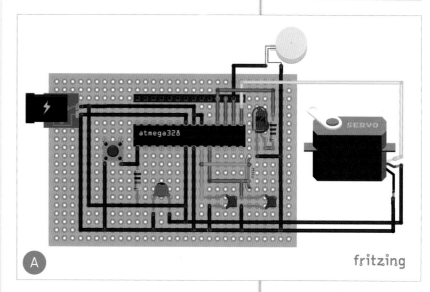

A

fritzing

製作此裝置一開始的契機是因為辦公室裡有位養魚的同事打算請一段長假休息，又不方便把整缸孔雀魚帶回家，所以請我代為照料。身為養魚新手，多少會擔心在週休或連假時魚兒是不是會餓死。於是我嘗試使用周遭隨手可得的材料製作，儘量以零成本或低花費的裝置來解決基本的餵食需求，也就有了日後一連串的餵魚器升級計劃。

第一代的餵食器主要著重在不花錢購買市售機臺又能達到餵食飼料的目的。首先我在家裡找到一支閒置的 Nokia 傳統手機和仍可以受話

的 SIM 卡。傳統手機的強力振動和超長待機時間是個不錯又可靠的觸發裝置。至於紙張、杯子、直尺及紙膠帶都是在辦公室裡能找到的材料。使用撥打手機觸發的方式可以控制飼料震落時間，依照試驗經驗得知大約等候三次響鈴就可以落下足夠的飼料量。但若使用手機內建鬧鐘的話，就會在觸發當時持續把所有飼料用盡，而且無法立即停止振動。

第二代餵魚器主要是以第一代成品為基礎，改變支撐臂架構，改裝成二組餵食盒，一次觸發可以同時餵食二缸的魚兒。

然而前二代餵食器皆是人工撥號的方式來觸發，所以只要忘記回撥電話，就會造成自動餵食器沒有啟動，於是我便嘗試製作以 Arduino 架構運作的自動餵食器。

1. 自製一塊 Arduino 控制板

我在網路上購入 Arduino 控制板所需的 ATMEGA328P-PU 單晶片及相關電子零件，電路圖則可以透過 Arduino 官網或其他網路資訊輕易取得。規劃的電路圖如圖 Ⓐ。

在製作過程中要特別注意的是 ATMEGA 328P-PU 單晶片有 28 支腳位，所以每次在焊接時都要仔細確認後再動手焊接，畢竟焊錯後再重新來過是很令人沮喪的；若不小心燒毀 ATMEGA328P-PU 晶片更是得不償失。另外我偏好先將 IC 座焊在板子上，等所有電路都完成後再把 ATMEGA328P-PU 小心翼翼地插回 IC 座上。製作完成的控制板如圖 Ⓑ。

這個 Arduino 電路基本上分成三個部分：重置功能，LED 指示功能和振盪電路。只要把所有電子元件焊於對應的腳位，確實連接好電源及接地的迴路，基本上不會遇到太麻煩的問題。

黃泰穎
待過資訊電子產品驗證實驗室和美商 BIOS 公司。閒暇時喜愛 DIY 的自造者，興趣包含透明水彩、音響及攝影，也是日本旅行的愛好者。

材料

- » ATMEGA328P-PU（1）
- » DIP 28PIN IC 座（1）
- » 10KΩ 電阻（1）
- » 220Ω 電阻（1）
- » 100nF 104 電容（1）
- » 22pF 電容（2）
- » LED，顏色不拘（1）
- » 16MHz 石英振盪器（1）
- » 微動開關（1）
- » DC 電源插座（1）
- » 杜邦接頭插座數個
- » 萬用板（1）
- » Tower Pro SG90 舵機（1）
- » 微型振動馬達（1）
- » 5V/500mA 變壓器（1）：來自公司報廢 3C 用品回收區。
- » 底片膠捲盒（1）
- » 整線夾（3）

工具

- » 熱熔膠槍
- » 烙鐵與焊錫
- » 尖嘴鉗
- » 斜口鉗

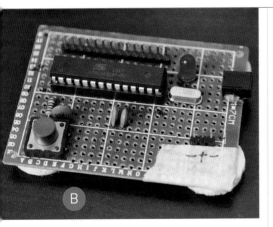

B

D

E

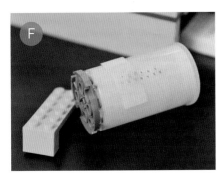

F

C

餵魚器功能很單純,只有使用一個小型舵機和一顆微型振動馬達,故在控制板上只拉出所需的腳位;至於ATMEGA328P-PU上的程式,則是在另一塊Arduino UNO燒錄完成後,再裝回自製的板子上。Arduino程式碼的部分,只有著重每隔8小時(或指定時間)讓餵食器正常運作,再依此循環。程式碼很簡單,雖然沒有加入時間修正補償(因餵食運作時所產生的等待延遲秒數)但整體仍以簡單好維護為主。

當然自製一塊Arduino控制板在成本及花費時間並不會比購買來的成品板來的有優勢,不過自己動手做的樂趣才是重點所在。您也可以使用如Arduino Mini Pro/UNO等控制板來簡化專題的製作時間。

至於DC5V電源變壓器部分,則是來自公司報廢3C用品回收區裡找到的,幸運地是功能完全正常。

2. 組裝樂高塔

支架的部分會考慮到使用樂高積木是因為方便調整造型和易購買性,另外一個原因是樂高積木結構強度已經足夠支撐整個餵食盒。我在附近樂高積木店裡嘗試找尋便宜的二手磚,畢竟新磚的價格比二手磚貴上不少。當時在店內時還沒有整個餵食器的具體想法,先打算儘可能在預算內蒐集到各式標準磚塊及少量認為有特色的磚塊。最後靠著直覺和不斷嘗試拼揍,終於以有限的積木數量把整座塔型完成,至於人偶的加入是個意外(在樂高店內看到一堆可愛的人偶很難不被吸引),雖然預算因為臨時購買人偶造成超支近一倍,但後來整體效果出奇地好(圖 C)。

組裝完畢之後,我又加強了底盤及塔型的結構,讓支柱更加穩固(圖 D);另外也調整在鋸子控制室操作鋸子手臂的英雄。圖中的這可活動手臂支架,似乎是某樂高生化戰士系列人物的腳,也是在二手磚區找到的(圖 E)。

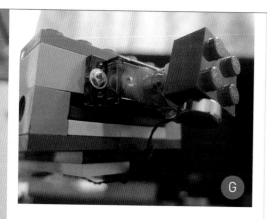

3. 製作餵食盒

由於自己會使用底片相機拍照，在抽屜裡拿到一個底片膠捲空盒，直覺它會是個適合好用的飼料盒。我在膠捲盒上鑽了二排孔洞，再固定至圓型樂高積木上（圖 **F**）。軸承機構則使用 Tower Pro SG90 小型舵機和一個微型振動馬達，當舵機能完美塞入積木時還高興了一會兒。我使用螺絲和熱熔膠固定補強機構部分。（圖 **G**）而飼料盒的安裝時要先確認舵機馬達旋轉到指定角度時，飼料盒上的孔位正好是朝下的。底座是放置 Arduino 控制板的地方，也設置了以樂高積木做成的保護室。最後再擺上人偶，整體就比較活潑有故事性了（圖 **H**）。

4. 開始餵魚囉！

把寫好的程式燒錄至 Arduino 控制板後插上電源，這臺樂高餵食器能以每隔 8 小時運作一次，一天餵食三次，長時間運作也能勝任（目前機器已正常運作近 15 個月左右！）（圖 **I**）。 ⚡

將陸續整理作品分享於部落格 almooncom.
wordpress.com

自動餵魚器的進化

第一代自動餵食機：
成本：0元

方法：將閒置的傳統手機綁在直尺上，並以紙膠帶固定在杯子上，再折個小紙盒子挖好幾個小洞後固定在直尺的另一端，最後再放入少許魚飼料就設置完成了。當隨時撥打餵魚器上的手機號碼時，來電時機身振動的動能會經由直尺傳導到紙盒上，再將飼料震落至魚缸內。

第二代自動餵食機
成本：0元

在第一代運作實證成功後，部門另一位養魚的同事也希望能藉此類餵魚器度過緊接而來的 2014 年漫長年假。為此動手修改原本的支臂架構，多加了一把長尺和橡皮筋當作支點延伸和平衡補強，二個餵食盒也改為左右對稱。

第三代自動餵食機
成本：1,200元

之前二款餵食都是臨時拼湊的，並不適合長期且穩定的運作，所以開始著手以容易購買和使用的 Arduino 以及的樂高積木做為主要材料，經由外接變壓器供電來達到自動投食的目的。

Crochet a Mermaid Lapghan

手工鉤針美人魚尾

利用舒適的沙發毯製作美人魚尾

文：雪莉・邦雅德　譯：孟令函

鉤針教學中常用的技法英文縮寫：

» sk — skip（空＿針不織）
» st — stitch（針）
» sl st — slip stitch（引拔針）
» ch — chain（鎖針）
» sc — single crochet（短針）
» sc tog — single crochet together（短針減針）
» dc — double crochet（長針）
» dc tog — double crochet together（長針減針）
» * * — repeat instructions between asterisks（重複型號內的指示）

雪莉（瘋狂鉤針客）・邦雅德
Shelley (Mad Hooker) Bunyard
與她的先生和兩個年幼的孩子（怕格斯利及星期三），住在俄亥俄州的哥倫布附近。晚上她是醫院的工作人員，其他時間則都花在鉤針上了，這是她的網站 madhooker.com

這個專題要獻給所有渴望擁有魚尾的美人魚迷。魚尾的上半部基本上是小件的阿富汗手工鉤針花毯，下半部則織成繭狀，可以包覆住雙腿。我原本打算直接買人魚尾的樣板來做，不過看起來實在很醜，所以我想到用5長針組成扇形的針法，讓整個魚尾看起來真的有魚鱗的樣子。

我的整個教學是用標準的鉤針教學縮寫寫成的，稍微有點挑戰性，不過只要有心，就算是初學者也可以做出來（附上了鉤織教學常見的英文縮寫，供讀者參考）。以下的教學，如果有比較特別的針法，在文末也有「鉤針法小筆記」可以參考。因為我用的是不收針的鉤針法，所以需要準備很多的紗線，在每一排的收尾會把三股線變成一股線。如果想讓魚的尾鰭厚一點，可以再把兩股線併在一起。

1. 製作魚尾主體

起針：用鎖針起153針。

第1排：在第4鎖針做1長針，接下來每一鎖針都重複此動作，做1鎖針，然後下一排。

第2排：＊在第1長針做1短針，空2長針不織，接下來鉤5長針，再空2長針不織。＊（這就是我所謂的5長針組成扇形針法）。這組針法以1短針結束，換色（見小筆記1）。鉤2鎖針，然後下一排（如圖Ⓐ）。

第3排：在第1針（也就是最後那個短針）做2長針，空2針不織，在五長針扇形針法的第3長針做1短針，空2針不織，然後做5長針扇形針法到最後一短針。在這裡只要做3長針，就換色（見小筆記2），鉤1鎖針，然後下一排（如圖Ⓑ）。

第4排：在第1針做短針，空2針不織，然後做5長針扇形針法，直到剛剛在最後1針做短針／長針的地方，換色，做2鎖針，然後下一排（見小筆記3）。

第5-73排：重複第3-4排（見小筆記4）。

第74圈：從這裡開始，你要從織排換到織輪了，才能織出環繞你的腳的花毯。在織排部分的第1長針做引拔針，做1鎖針然後做1短針接合，接著做5長針扇形針法（圖Ⓒ）。

第75圈：在第1次換色的地方做引拔針，做2鎖針然後做4長針為接合點，接著做5長針扇形針法到最後1短針。接著，將最後1短針與開始的第2長針，併成1短針；記得換顏色（圖Ⓓ、Ⓔ、Ⓕ）。

第76圈：做1鎖針然後做1短針為接合點，接著開始5長針扇形針法（如圖Ⓖ）。

第77-94圈：從這裡開始就可以輪織下去了，只要記得在回到每一圈的起點時換色就好。也就

時間：
一個週末
成本：
15～25美元

材料

» 紗線（毛紗 worsted weight）：1,500～1,700碼，紗線的量端看使用的紗線種類、打算織多密，以及其他種種因素。我建議大家紗線準備得愈多愈好（畢竟誰不需要更多的紗線呢？）只要多動手做幾次，就可以慢慢抓出每次需要的量。

工具

» 鉤針，尺寸H（5.00mm）
» 縫紉用的大針

Shelley and Dan Bunyard

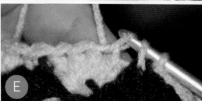

A

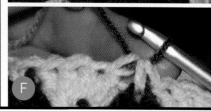

B

C

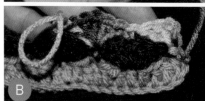

D

E

F

鉤針法小筆記

1. 在短針上換色

換色時，如果最後一針是短針，將鉤針插入最後一針，繞線（空針），然後拉出那一針。再勾起另一色的紗線，放下舊的那一股線，將其拉過最後一個線圈。第一次換色時，我會比較謹慎，在線尾跟放下的那一股紗打個簡單的節。雖然鉤針法的教學書裡都沒提，但我覺得這樣加倍安全。

2. 在長針上換色

換色時，如果最後一針是長針，先繞線（空針）然後將鉤針插入最後一針。繞線然後將那一針拉出來，然後再繞線，拉過兩個線圈。然後鉤起新的顏色的紗，放下舊的那股，將其拉過你還鉤著的線圈。

3. 重複換色

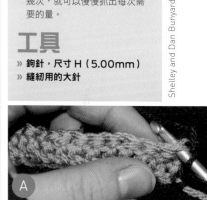

你換色的循環應該準備要重複了，這會取決於你用幾股線。如果想讓步驟簡單一點，記得將你要用的下一個顏色壓在上一個顏色下面。

4. 加針／減針

確認以短針起頭的排，就是以短針結束；以2鎖針、2長針起頭的排，以3長針結束；就可以確保你沒有加針或減針。織的過程中有時候會凸起來或有點皺褶，這是很正常的。

5. 做短針減針

要將兩針併做一短針（又叫做短針減針），將鉤針插入第一針，繞線，將其拉過那一針。

這時鉤針上應該要有兩個線圈。接著將鉤針插入下一針，繞線，後將其拉過那一針。這時鉤針上就有三個線圈了，最後再繞線，拉過三個線圈。

（下一頁繼續）

Hep Svadja

鉤針法小筆記
（續）

6. 單股／雙股線

魚鰭的部分可以用單股線，或是雙股合併來做，我兩種方法都試過了，都可行，而且看起來都很棒。雙股線的方法會用掉比較多紗線，這點是需要考量到的地方。這邊我做給大家看的是雙股做出來的魚鰭，因為雙股線的方法比單股的少用，想跟大家分享。兩種方法都是用尺寸H的鉤針。

7. 長針減針

要將兩針併做長針（也就是長針減針），先繞線，然後將鉤針傳過第一針，再繞線然後拉過那一針，你的鉤針上就會有三個線圈；繞線然後穿過兩個線圈，就會有兩個線圈在你的鉤針上；繞線然後將鉤針穿過第二針，再繞線然後拉過那一針，你的鉤針上就會有四個線圈；繞線，然後拉過兩個線圈，再繞線，然後拉過剩下的線圈。

G

H

I

J

K

L

是，要在短針或第1長針時換色，端看你織到哪裡。從第一個接合點開始我大概織了20圈，記得要把沒用成品背面那幾股沒用到的線收好。在換色時，用鉤針鉤起沒用到的股線，並鉤起下一個顏色的線，然後從那裏開始繼續織（圖 H）。

第95圈： 繼續用這些針法織下去，並記得更換顏色，不過在這一圈，不做5長針的針法，而是換成只做3針。並且記得，在3長針針法與短針之間，空2針不織（圖 I）。

第96-98圈： 繼續做3長針針法，不過在這邊，3長針針法與短針之間，只空1針不織。

第99圈： 做3長針，在接下來2短針的位置併為1短針（也就是3長針針法中的第2長針）。接著繼續做3長針針法，記得在每個第三短針的地方將其併成1短針（見小筆記5）。

第100圈： 在第1短針的地方換色，做3長針然後併成1短針（在3長針針法中的第2長針）。在每個3長針針法的第3短針的位置做短針減針。持續這個步驟直到回到圈的起始點。

第101圈： 在3長針的第1長針換色，在接下

來2個短針的位置都做短針減針。接著繼續做3長針針法，每到第3短針的位置就做短針減針。持續此步驟直到回到織圈的起始點。

第102-103圈： 在第1短針換色，接著在每1短針的位置都做短針減針，做2圈。這裡應該還剩下12針。收針，留下1針在那裡，之後可以直接把那1針收起來（圖 J）。

開口的邊緣： 接著你可以把開口的邊緣收起來，我選擇用雜色的紗線。將紗線接合在你接合輪織的開口外面（也就是第74圈）。在同1針裡做1鎖針以及1短針，接著平整的在整圈開口重複做一整圈。在最上邊的邊緣，做3短針。亦要注意你要鉤針鉤在本來的織圈的立針上。織好後收針（圖 K、L）。

2. 製作魚鰭

首先，先選擇你要做1股線還是2股線的（見小筆記6）。

魚鰭第1排： 做43鎖針，在第4鎖針做1長針，做2鎖針然後做下一排。

一排。

魚鰭的邊緣：做一圈短針，要確定除了最後一個轉角的其他三個轉角都有短針，最後一個轉角應該是起始點。做1鎖針然後做下一排，這樣你就會是從魚鰭最頂端的直角開始織了（圖 M ）。

魚鰭頂端第 1 排：開始做短針縮針，做1鎖針，接下一排。

魚鰭頂端第 2 排：繼續做短針縮針，做1鎖針，接下一排。

魚鰭頂端第 3 排： * 短針縮針，短針 * ，重複這兩個步驟，做1鎖針，接下一排。

魚鰭頂端第 4 排： * 短針縮針，短針 * ，重複這兩個步驟，收針，記得留下足夠長的線尾來縫。

3. 將魚鰭縫上魚尾巴

平放織好的花毯、魚鰭，正面朝下然後用別針別在一起。在圖 N 中，可以看到我用兩隻鉤針標示出魚鰭開始與結束的正確位置。要準確地把開始與結束的位置對好，魚鰭才會更牢固。用撩邊縫將魚尾縫好，包括了短針的那一邊，縫到花毯上。收針並把最後一針縫進去。

現在可以好好欣賞自己的成果，把雙腳放進溫暖柔軟的美人魚尾吧。

如果想再做一個（或是有人拜託你再做一個），可以試試不同的顏色組合或其他材質的紗線。你也可以縫上金屬小圓片，做出閃亮亮的效果。只要夠有想像力，就能有無窮的變化。

魚鰭第 2 排：併成長針，剩下的幾針都做長針，做2鎖針，然後做下一排。

魚鰭第 3 排：做長針，最後兩長針併成1長針，做2鎖針然後做下一排。

魚鰭第 4 -11 排：重複第2-3排的動作。

魚鰭第 12 排：接著將長針併在一起，再做一次，接下來幾針都做長針，做2鎖針然後做下一排。

魚鰭第 13 排：做長針直到留下最後4針要將長針併在一起的地方，將長針併在一起，做2鎖針，然後做下一排。

魚鰭第 14 排：接下來的2針都各做2長針，做1長針，做2鎖針然後做下一排。

魚鰭第 15 排：以長針做這一排，在2長針裡再做2長針，做2鎖針，接下一排。

魚鰭第 16 排：在第1長針裡做2長針，接著做短針，最後2鎖針然後做下一排。

魚鰭第 17 排：做長針，最後1針做2長針，做2鎖針然後做下一排。

魚鰭第 18 -25 排：重複第16-17排。

魚鰭第 26 排：做長針，最後1鎖針然後做下

看更多照片或分享你的成果請上makezine.com/go/crochet-a-mermaid-lapghan

文：賴瑞‧卡特、菲爾‧鮑伊　譯：謝明珊

Kids' DIY "FUNiture" Kit

小孩的DIY「玩俱」組

可以變化出五種傢俱的專題，花一個週末為小孩創造歡樂。

賴瑞‧卡特
Larry Cotton
半退休的動力工具設
計師、兼職的數學教
師，熱愛音樂、電腦、
電子產品、傢俱設計、
鳥類，還有他的妻
子（此排序無關重要
性）。

菲爾‧鮑伊
Phil Bowie
畢生都是雜誌作
家，並且出版3本懸
疑小說。個人網站
philbowie.com。

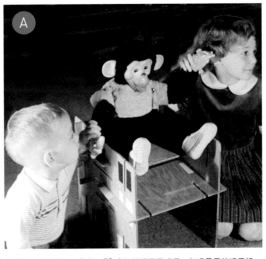

作者的堂弟妹鮑伯和雪兒，50多年前跟猴子玩偶一起玩最早的玩俱組。

「幾」年前，我在北卡羅萊納大學工業設計學
院修課，最後一學期的專題就用膠合板製作成套
件，它們可以組裝成孩童使用的傢俱，我稱之為
「玩俱組」（圖Ⓐ）。

多虧好朋友菲爾‧鮑伊的幫忙，他是多產的
作家，也是手巧的工匠，讓這個簡易的玩俱組起
死回生，比以前更方便組裝且安全無虞，適合2
歲至6歲的兒童使用（年紀更小的孩子需要從旁
協助）。不用工具固定，只依賴重力和十字搭接
（cross-half lap joint）。組裝板還可以平放
收藏，以節省空間。

十字搭接的接頭都有貼上顏色標籤，有助於兒
童組裝，只要配對相同顏色的凹槽和標籤，即可
組裝板凳、椅子和黑板。即使年紀較小的孩子不
懂依照顏色組裝，拼出了不實用的作品，也能展
現他們天馬行空的創意。

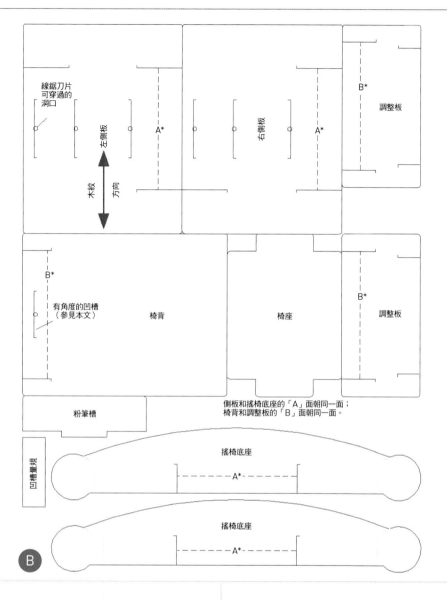

線鋸刀片
可穿過的
洞口

左側板

A*

右側板

A*

B*

調整板

木紋 方向

B*

有角度的凹槽
（參見本文）

椅背

椅座

B*

調整板

粉筆槽

側板和搖椅底座的「A」面朝同一面；
椅背和調整板的「B」面朝同一面。

凹槽量規

搖椅底座

—— A* ——

搖椅底座

—— A* ——

B

Hep Svadja

時間：
一個週末
成本：
40～50美元

材料

» 膠合板，¼"×4'×4'
» 清噴漆，1qt，Deft 和 Watco 皆可。
» 圓形貼紙，2"（一包），Avery #22817
» Elmer 水溶性白膠（兩瓶），用來黏貼樣板（建議使用）。
» 黑板漆（一罐），綠色或黑色，五金行可以買到。
» 油漆，橘色或其他亮色，用來漆搖椅底座。
» 粉筆

工具

» 線鋸，切割凹槽。
» 電圓鋸、鋸臺或線鋸，切割組裝片。
» 鑽頭，³/₈"
» 小油漆刷
» 砂紙，粒度為 60～320。
» 紙膠帶
» 多用途小刀，#11 刀片
» 卡尺，在店裡測量膠合板的厚度。
» 鉛筆或細頭麥克筆
» 罐子或蓋子，直徑 4"，標示搖椅底座的圓形圖案。
» 瓶蓋，1"，標示黑板的圓形圖案。

1. 準備膠合板

這裡採用厚度 ¼"（一般厚度）、面積 4'×4' 的膠合板，家庭裝潢零售商就可以買到，儘量選購愈厚愈平的膠合板（我們並不建議杉木，因為木材有亂紋，表面比較粗糙，也容易變形）。

為了買到最厚的膠合板，最好帶著卡尺到店鋪，直接測量膠合板的厚度。大部分的木材厚度都跟標示不同，我們測量標榜 ¼" 的膠合板，結果厚度從 0.189" 至 0.243" 不等，後來我們買了後者。

膠合板買回家以後，立刻在兩側上清噴漆，以降低變形的機會。靜置乾燥後，以粒度 320 的砂紙打磨兩側。你可能覺得一層噴漆還不夠，再上一層以免磨損和氣候腐蝕。

2. 組裝板打稿

我們提供兩種把樣板複製到膠合板的方法。無論決定何種方法，選好就不能更改，因為兩種方法所製作的組裝板無法交替使用。

» **方法一：實物大小的樣板**

從專題網頁（makezine.com/go/FUNiture），下載實物大小的組裝板樣板（圖 B），這比自己描繪樣板省事。檔案是 DXF 格式，不管放大縮小，線條寬度依然不變。

請辦公用品店幫忙列印樣板圖，紙張大小約 36"×48"，四邊的空白邊緣不得超過 ½"。列印前記得先預覽（同時確認印表機設定：列印版面設定／範圍，出圖比例／符合紙張大小，圖片置中）。最後我們花了大約 8 美元。

膠合板噴漆之後，將列印出的樣板照圖 B 的方向，黏在膠合板較美觀的一面。黏膠以 1：2 的比例混合水和白膠，這個比例方便我們裁切後

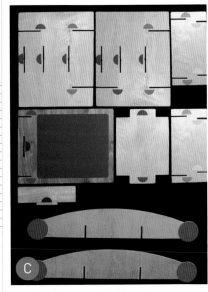

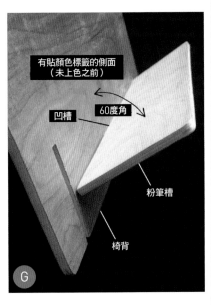

有貼顏色標籤的側面
（未上色之前）

凹槽

60度角

粉筆槽

椅背

零件與顏色標籤配置

左側板　右側板　調整板

椅背板　椅座板　調整板
5/16" 雙面

粉筆槽

搖椅底座

搖椅底座

移除樣板。樣板和膠合板的邊角對齊，先以紙膠帶固定好，再一邊鋪平樣板，一邊在膠合板刷上稀釋白膠，有點小皺紋並沒有關係。

» **方法二：比例繪圖**

也可以根據完整的比例圖，自己描繪樣板。www.makezine.com.tw/make2599131456/diy16 上有 7 種不同的組裝板。

一樣在膠合板噴漆後比較美觀的一面，以尖銳軟鉛筆或細頭麥克筆描繪組裝板，特別注意凹槽和兩側之間是垂直或平行。圖 **C** 是很有效率的編排，兩塊側板一模一樣，但記得把比較美觀的朝外。

3. 裁切組裝板

以手持線鋸和全新膠合板刀片裁切組裝板（圖 **D**），但暫時不要切割凹槽。

用砂紙打磨各邊，以免小手受傷。

> **注意：** 如果小孩年紀很小，要把邊角磨得更圓滑。

4. 量測凹槽

為了組裝方便和穩固，所有凹槽都要比膠合板再厚一點，有些成對凹槽相互平行，距離和長度都要非常精確。

凹槽有開放式和封閉式兩種。在樣板上兩種凹槽都有一長邊，封閉式凹槽只有一條短邊，開放式則是兩條。利用多餘的膠合板（大約 2"×6"）製作量測凹槽寬度的工具，以便繪製凹槽另外一條長邊。

把剛剛製作的量規對準每個凹槽的長線（但不要遮住），仔細描繪凹槽的邊緣（圖 **E**）。

請注意：也可以從短邊判斷，膠合板是要對齊長邊線條的哪一側。若你採用樣板，有些凹槽標示為 A（位於側板和搖椅底座），有些標示為 B（調整板和椅背），四片組裝板的 A 面都要一致，三片組裝板的 B 面也要一致。

這幾段要讀仔細一點，凹槽是玩俱組的重點，完成後就成功了一半。但如果凹槽畫錯或割壞了，恐怕難以進行下一步，甚至無法修復，所以這裡要慢工出細活。

> **小祕訣：** 描繪所有凹槽時，不妨利用多用途小刀，並更換全新 #11 刀片，這會穿越膠合板的最外層，產生無毛刺的切口，不太需要砂紙打磨。

5. 切割凹槽

以手持線鋸仔細切割開放式凹槽（圖 **F**）。

在側板六個封閉式凹槽正中央，鑽出 $3/8$" 的洞口，接著以線鋸往兩側割開。

椅背的凹槽必須調整好角度，以便托住粉筆槽（圖 **G**）。所以在凹槽鑽出 $3/8$" 洞口時，鑽頭必須傾斜60度。接著把線鋸底托設定在60度角，先割開凹槽的一半，再維持同樣的角度割開另一半。

6. 測試連接處

小祕訣：
若不想翻轉線鋸底托，不妨在凹槽的尾端鑽洞，一氣呵成割開整個凹槽。

若你採用樣板，現在慢慢剝除上面的紙張。要是白膠太黏，以濕海綿沾濕殘留的白膠，放置一段時間後再清除。以量規確認凹槽，然後對照搖椅完成品的照片，試著組裝看看。如果有不順的情況，以中型砂紙包裹厚度 $1/8$" 的薄木片，打磨無法完整接合的凹槽。

在凹槽噴漆，以免受潮，等到清噴漆乾燥後，重新測試一次接頭。

7. 為搖椅上漆

在搖椅比較美觀的一面，在兩端的圓圈貼上紙膠帶。找來直徑4"的瓶蓋或物品，以全新#11刀片的多用途小刀描出圓圈（圖 **H**）。

以亮色漆上色。我們選擇橘色，不跟組裝板的顏色標籤撞色。

8. 為黑板上漆

暫時把粉筆槽置於椅背有角度的凹槽，所以有點向上傾斜。在椅背的另一側，用紙膠帶貼出黑板的形狀，四邊約留1"。

搖椅也是如法炮製，在圓角貼上紙膠帶，找來直徑1"的物品（瓶蓋還不錯）協助切割圓圈。

拿掉粉筆槽，為黑板上三層漆。每一邊都用砂紙輕輕打磨後，再移除紙膠帶。靜置24小時後方可使用。

使用前，先「養」一下黑板。用粉筆把黑板從頭到尾畫上一遍，再用板擦擦掉。

9. 貼紙！

只要組裝正確，相同顏色的半圓形貼紙，就會形成一整個圓形。

在Avery標籤貼紙上印製15張亮色2"圓形標籤（ Avery22817）：4張黃色、4張紅色、2張綠色、4張藍色和1張紫色，一律剪成兩半，最後得到30個半圓貼紙。

按照圖 **I** 排列貼紙。把貼紙貼在封閉式凹槽尾端的中央和開放式凹槽長邊的中央（若座椅的貼紙蓋到凹槽，就稍微擴大凹槽）。椅背三個貼紙必須貼在外面，例如黑板那側。搖椅的貼紙必須貼在內側，4"著色圓圈的背面那一側。

你可以另外製作貼紙配置圖（從專題網頁下載圖案）或直接以眼睛目測位置。

10. 組裝

依照現有的顏色標籤，你可以組裝出5種傢俱。

板凳

最容易組裝的就是板凳了（圖 **J**），用到側板、椅座和調整板，側板各有3個凹槽，可三段調整高度，千萬記得要配對顏色標籤，最好先從紅色開始（你也可以讓組裝者自己嘗試）。

椅子和黑板

在板凳加上椅背和粉筆槽。因為有顏色標籤的輔助，小孩應該不會搞錯黑板的面向（圖 **K**）。

「船」

把板凳的椅座調整到最低，加上搖椅底座，把油漆的圓圈朝外（圖 **L**）。

搖椅

加上搖椅的底座（圖 **M**），就可以開始搖了！
◢

在www.makezine.com.tw/make
2599131456/diy16下載並列印實際大小的樣板或比例圖。和大家分享你所做的玩俱組吧！

開始組裝玩俱吧！

只要配對相同顏色的貼紙，就可以組裝出5種傢俱。

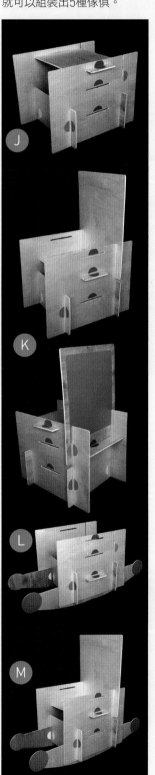

Who's Watching You?

誰在監視你？

讓這些DIY專題保護你的數位隱私

文：MAKE 編輯部　譯：謝明珊

Hep Svadja

手機間諜、網路監控、臉部辨識技術。我們用來搜尋、觀看和閱讀的電子裝置，竟然開始偷偷監控我們。Maker 想出幾種聰明的方法，來保護隱私並維持網路匿名性。以下是我們推薦的方法：

匿名上網

自己做 Raspberry Pi VPN路由器／TOR路由器

想要安全上網，就用自己專屬的可攜式無線網路VPN路由器。以Linux和其他軟體輕鬆設定Raspberry Pi迷你電腦，連接你選擇的VPN伺服器。VPN連線在電腦和網站之間，形成單一的加密通道，間諜就不知道你上什麼網站，網站也無法辨識你從哪一臺電腦上網。

這也可以支援洋蔥路由器（ Tor，詳情請見下一個專題），VPN比較難設定，但優點是比較快而安全，前提是你相信VPN伺服器。

組裝起來也很方便，你只要有Raspberry Pi、2個USB無線網卡、1張記憶卡和電源插頭。makezine.com/go/pi-vpntor-router有詳細的製作步驟。

自己做Raspberry Pi洋蔥路由器

無論你走到哪裡，都用洋蔥路由器代理伺服器上網吧！這個專題採用Raspberry Pi、USB無線網卡、乙太網路線，完成低功耗可攜式的小型路由器。

Tor容易安裝，但速度較慢，因為Tor趁電腦連接網站之前，在網路幾個隨機節點上，加密和傳輸你的網路流量，你就不需要VPN伺服器，只要有Tor網路瀏覽器即可。Tor也會讓你進

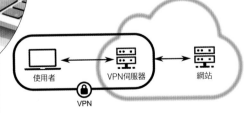

使用者　　　VPN伺服器　　　網站

VPN

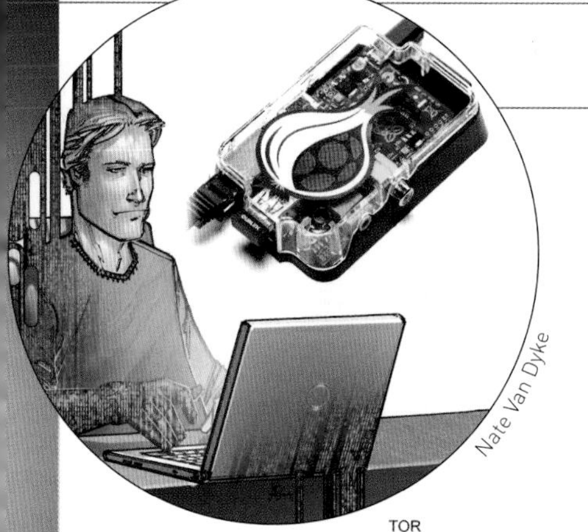

Nate Van Dyke

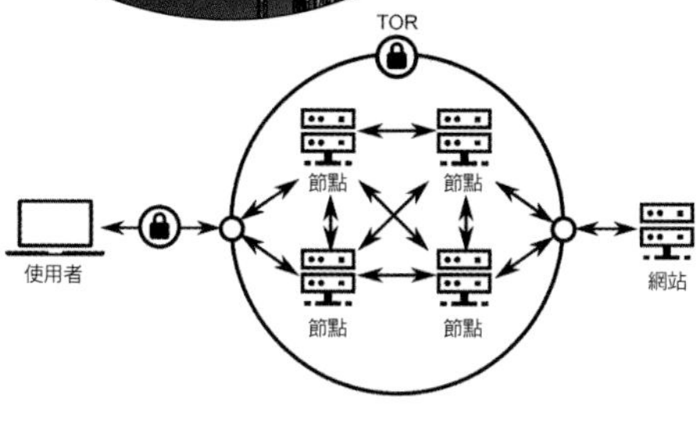

入看不見的網路深網（Dark Web），這也是VPN沒有的功能。

當你打開洋蔥Raspberry Pi，就會出現新的無線網路基地臺。一旦成功連接，就會透過匿名的Tor網路，自動傳輸任何網路瀏覽，卻不會留下任何網路足跡。

拜訪makezine.com/go/bake-an-onion-pi，自己做一個洋蔥路由器吧！

不受追蹤

自己做Librarybox檔案分享器

你想要分享檔案卻不想透過網路嗎？PirateBox是匿名行動檔案分享器，方便任何人從行動電話、筆記型電腦和桌上型電腦，完成檔案的上傳和下載。PirateBox開發者把這項專題應用於便宜的3G Wi-Fi路由器，克萊頓．克拉克（Clayton Clark）卻用來製作LibraryBox。LibraryBox是無線數位下載中心，卻不連接網路，只要把內容存放在USB，插上USB並打開電源即可，就連影片檔和聲音檔也可以串流，充電電池可以續航一整天。製作方法請參考makezine.com/go/bake-an-onion-pi！

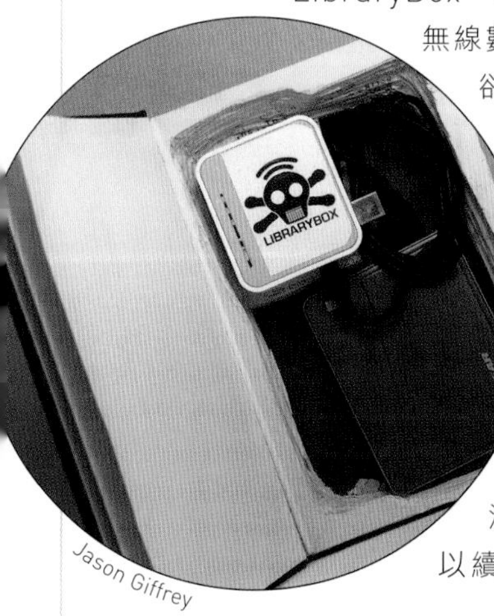

Jason Giffrey

網路開關

當你離開鍵盤，軟體仍會自動更新或備份資料至遠端伺服器，這可能帶來很多麻煩，例如後門惡意程式碼、殭屍網路和間諜軟體。現在有一個簡單安全的方法：硬體網路開關。讓網路開關連接電腦和路由器，就可以隨時把電腦隔離在網路之外，讓網路開關連接路由器和網路服務提供者（ISP），甚至可以切斷整間房子的網路。參考makezine.com/go/internet-kill-switch。

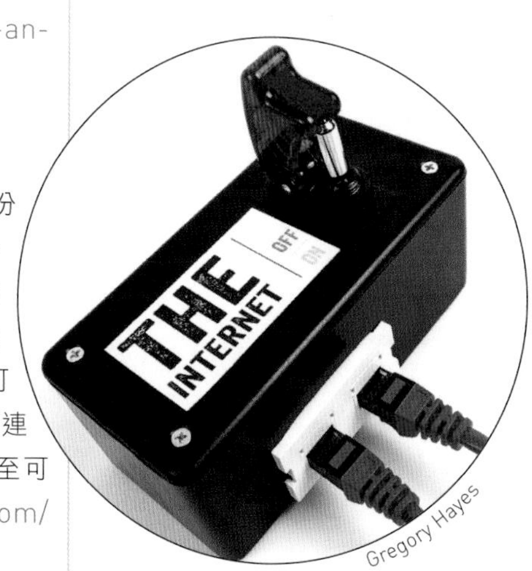

Gregory Hayes

祕密行動

關閉手機

你當然可以關機，但間諜仍然可以追蹤手機的位置。不妨用鍍銅或鍍銀的布料縫製手機袋，這就像屏蔽靜電的法拉第籠，可阻擋無線電波入侵你的電子裝置。

lessemf.com/fabric.html有不錯的電磁波防護布料，最好挑選防護效能超過70dB以上的，可涵蓋大範圍的頻率，蜂巢式網路為380MHz～2.7GHz，無線網路則為2.4GHz～5GHz。手機袋不需要特殊織法，但要縫合各邊的布料，以免無線電波逃脱出去，參見killyourphone.com有更多資訊。

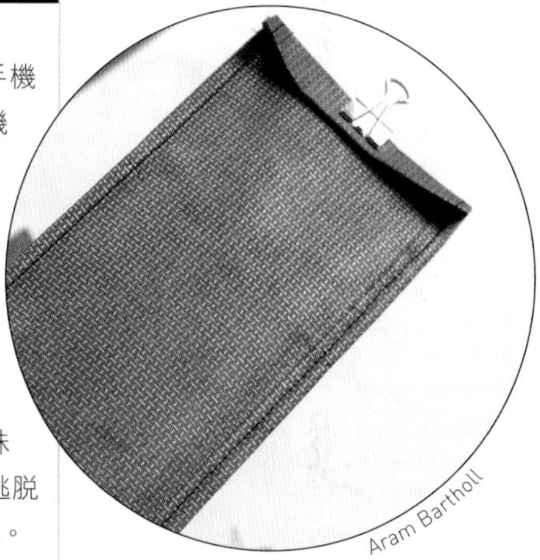

Aram Bartholl

自己做反監控的「隱形衣」

來穿隱形衣吧！機械工程師兼藝術家亞當．哈維（Adam Harvey，ahprojects.com）利用金屬化布料，設計一件「抗無人飛行載具外套」，以免被無人飛行載具的紅外線熱影像儀發現行蹤。他還研發混淆電腦視覺的臉部和髮型偽裝，穿上即可反制臉部識別軟體。

日本教授越前功和合志清一，從哈維的專題獲得靈感，利用一排紅外線LED製作護目鏡（肉眼看不見），以阻止臉部識別攝影機的監控。

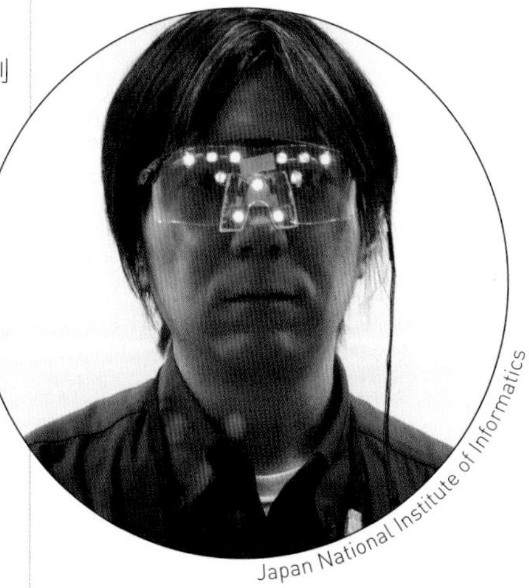

Japan National Institute of Informatics

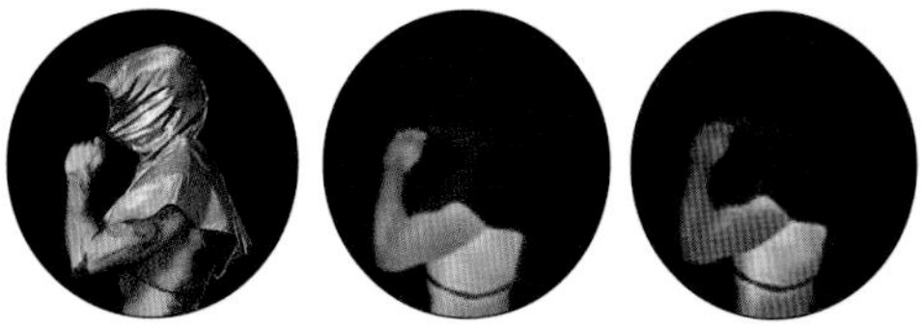

Adam Harvey

Home Arcade

RASPBERRY PI

Raspberry Pi 家庭遊戲機臺

有MAME和Arduino Esplora控制器在手，玩遍所有的8位元電玩

文：西亞．席爾佛曼　譯：謝明珊

Juliann Brown

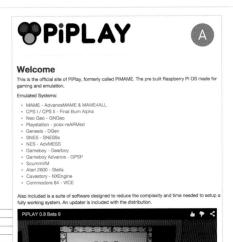

Raspberry Pi適合各種微型電腦的應用，例如3D列印伺服器、車載電腦等，但Raspberry Pi也可以是經典遊戲機臺的核心，誰不想要這個玩意呢？

西亞．席爾佛曼（Shea Silverman）所維護的Linux套件版本，稱為PiPlay。只要用35美元的ARM處理器電腦，就可以回味大受歡迎的8位元經典電玩。

為了方便起見，我們以Arduino Esplora作為遊戲控制器，Esplora是Arduino擴充板的最佳入門款，已預先安裝幾個控制輸入，配置也符合現代電玩使用者的習慣，加上Esplora插上電腦就能夠代替鍵盤使用，很適合快速簡單的遊戲。

1. 下載 PiPlay 並傳輸到 記憶卡

首先，從sourceforge.net/projects/ pimame（圖Ⓐ）下載 PiPlay 映像檔。

接著把PiPlay映像檔傳輸到記憶卡（前往專題網頁makezine.com/go/raspberry-pi-home-arcade，內有完整的平臺操作指示）。

2. 設定 Raspberry Pi

先確認鍵盤有沒有安裝好，以及磁碟分割能用的記憶卡容量，再來設定你的Raspberry Pi。

初次用儲存PiPlay的記憶卡啟動Raspberry Pi時，系統會直接連接PiPlay模擬中心，跳過Raspi-config（這是Raspberry Pi的Linux套件版本第一次啟動時通常會使用的設定工具，圖Ⓑ），幸好在PiPlay選單的最後一頁，有列出raspi-config的連結。接上鍵盤以後，利用方向鍵即可跳到最後一頁啟動raspi-config。

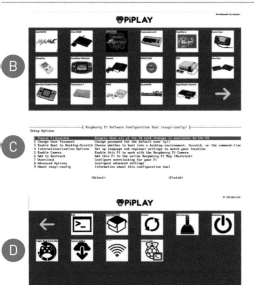

泰勒‧懷格納
Tyler Winegarner
影片製作人，同時也是工匠、腳踏車騎士、遊戲玩家。他讀留言、玩工具、說故事，大概是人類。推特 @photoresistor

時間：
1～2小時

成本：
100～200美元

材料

» Raspberry Pi Model B，附電源和 8GB
記憶卡：Maker Shed 網站商品編號
#MSRPIESS，makershed.com
» Arduino Esplora：Maker Shed 網站商品編號 #MKSP19
» HDMI 螢幕和傳輸線
» USB 傳輸線和乙太傳輸線
» 電腦和鍵盤（只用來設定）

在 raspi-config 的畫面，為記憶卡擴充檔案系統（圖 C ），接著設定你的所在地區，讓鍵盤按照你的需求運作：找到國際化選項，設定你的地點和鍵盤。跳出 raspi-config 對話框，確認重新開機，記得先檢查有沒有網路連線。

3. 安裝 MAME

家用遊戲機臺最耐用的程式之一，就是多重大型電玩模擬器（Multiple Arcade Machine Emulator，MAME），可以跑 1980 年代至 2000 年代上百種電玩。

在 PiPlay 的選單，找到「安裝 MAME」的按鈕（圖 D ）。安裝需要幾分鐘，完成後會重新載入 PiPlay 的介面。

4. 設定遊戲檔案

一旦安裝好 MAME，就可以把遊戲載入 Raspberry Pi，並且存為映像檔。這些映像檔就像遊戲機臺的主機或家用遊戲主機的電玩卡匣。

MAME 的網站 mamedev.org，提供少量免費（下載和使用）的遊戲檔案；線上搜尋「MAME ROMs」也可以找得一些檔案。

下載遊戲檔案到電腦，注意看 PiPlay 介面的右上角，找到 Raspberry Pi 的 IP 位址，在網路瀏覽器鍵入這串 IP 位址，就會出現 PiPlay 遠端電腦。

按下遊戲檔案上載（ROM Upload），

警告： MAME 可以免費下載和使用，遊戲檔案映像檔就不一定了。下載之前先確認來源的合法性。

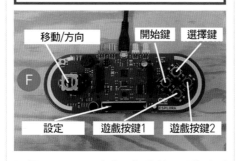

移動/方向　開始鍵　選擇鍵
F
設定　遊戲按鍵1　遊戲按鍵2

選擇 AdvMAME 上載，把遊戲壓縮檔放到下拉視窗，以便上傳這些檔案。

最後，必須「刮除」剛上載的遊戲檔案，這樣才能讓模擬器使用，並建立適合的選單介面。PiPlay 介面最後一頁就有檔案刮除器。你可以在每個模擬器搜尋為刮除的檔案，或者只限你選擇的檔案（圖 E ）。

5. 將 Esplora 設定成 MAME 控制器

從 makezine.com/go/piplay-esplora 下載修改後的 Esplora 腳本程式碼，在 Arduino IDE 開啟檔案。別忘了選擇 Esplora 做為主要控制板，依循「工具」而後「主要控制板」（target board）的路徑，接著上傳腳本程式碼至 Esplora。

Arduino 詳細的程式碼以及按鍵配置表

（圖 F ），請見專題網站。

6. 連接 Raspberry Pi 和 Esplora

把 Esplora 接上 Raspberry Pi 的其中一個 USB 插孔，在 PiPlay 的介面選擇 AdvMAME，並且載入你想玩的遊戲。

花時間設定剛剛載入的遊戲，只要旋轉 Esplora 的電位計，確保「投入硬幣」、「一號玩家開始」等重要控制鍵的位置，這些都搞定以後，就可以開始玩遊戲了！

注意： 每個遊戲映像檔都必須設定按鍵的輸入控制。

更進一步

若有兩位玩家，你可以再加上一臺 Esplora，或者以 Arduino Leonardo 代替，並且連接機臺搖桿和按鍵。自己做一臺遊戲主機吧？有很多變化的可能性，無論成果如何，別忘了樂在其中，來專題網頁跟大家分享！

更多操作照片和訣竅，請上 makezine. com/go/raspberry-pi-home-arcade，順便跟我們分享你的成品

DIY
Tripod
Flashlight

DIY 手電筒腳架

為手電筒迅速製作
隨處可黏的三腳架

文:傑森・鮑勃勒 譯:張婉秦

時間:
10~20分鐘
成本:
25~30美元

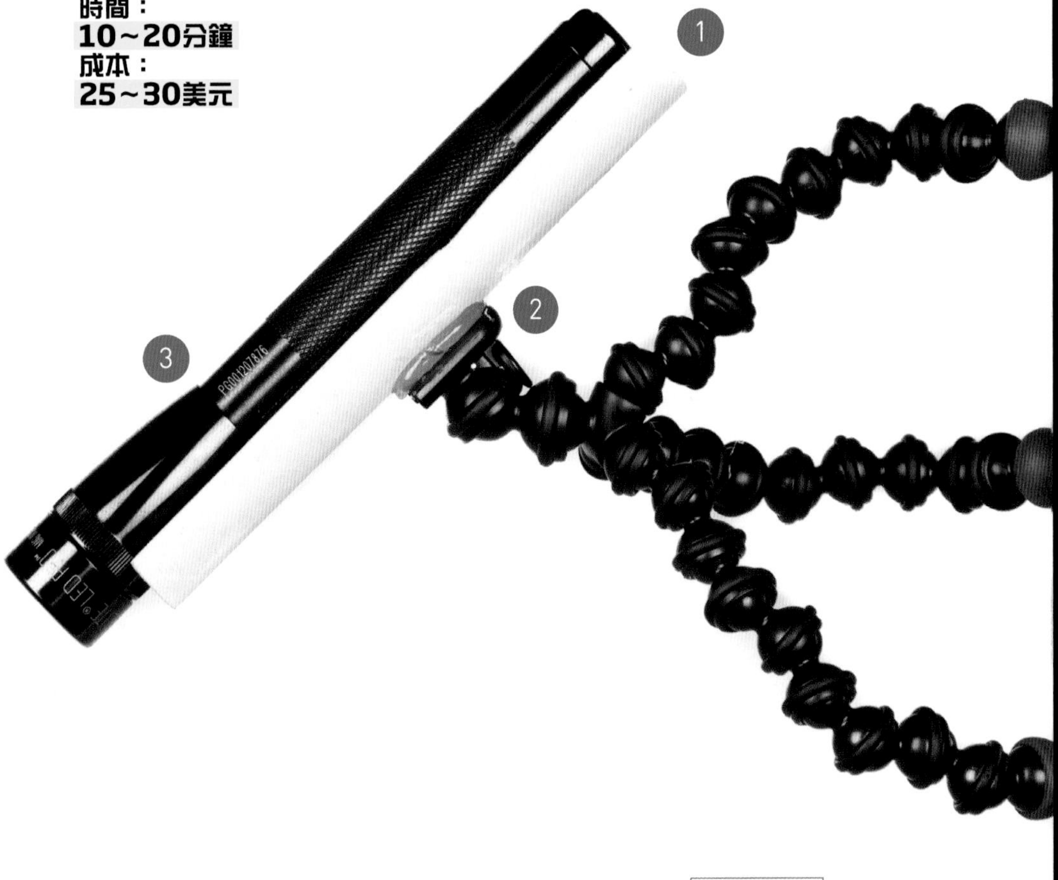

有一次我拿出我的史丹利(Stanley)三腳手電筒,卻發現它的電池腐蝕了——居然是在我最需要它的時候,因為我正要修理水槽下方的的滴漏。

我走去放手電筒的抽屜,發現裡面有一堆手電筒,現在就只差個三腳架了。這時我腦中靈光一閃,想起 Maker Shed 網站上有販售 GorillaPod 金剛爪磁鐵吸力腳架。

1. 首先,挑選長度適合的 PVC 管,然後縱向切割。圖片中的 MagLite 手電筒不大,所以我使用1"的管子(約4"長)來裝置。如果行有餘裕,可以將粗糙的邊緣磨平。接著,在中央鑽一個 5/16" 大小的孔,用以安裝三腳架通用的 ¼-20" 固定座,要確保洞孔大小吻合。

2. 將偏好的快乾環氧樹脂快速塗在 GorillaPod 可拆卸的雲臺頂端(如果之後可能想拆下來,可以使用熱熔膠)。確認環氧樹脂不會影響連接處的運作。

3. 在 PVC 管內側黏上魔鬼氈,將另一條魔鬼氈固定在手電筒上。

這樣就完成了!這款腳管有磁鐵吸力的三角架(Maker Shed 網站商品編號 #MKJB01,makershed.com)是安裝手電筒極佳的選擇,不過不一定是絕對的選擇。GorillaPod 也販售沒有磁鐵吸力的版本(以及更大型的產品)。不過警告一下,很多評論都說便宜的複製品並不耐用。

傑森・鮑勃勒
Jason Babler
是 Maker Media Inc.
的創意總監。

歡迎至 makezine.com/go/tripod-flashlight 分享你的手電筒創意及成品。

Hep Svadja

用積木製作拼圖

文：傑森・波爾・史密斯
插圖：茱莉・威斯特
譯：張婉秦

我最愛的兩個玩具就是積木跟拼圖，所以很自然地，我決定要結合它們，用積木來製作拼圖。

1. 建構拼圖骨架

首先，把積木拼起來，組合成一個平面。可以是一個簡單的矩形，或是任何超級複雜的圖形。» 用力按壓積木，確保穩固，這樣圖片才能黏貼平整。

2. 貼上圖片

接下來，選擇要貼在積木上的圖片。» 在電腦上設定好適當的圖片尺寸，用自黏性相片紙列印出來。你也可以用普通的照相紙，之後再塗膠。

» 小心地將圖片平整貼到積木上。用力按壓，確保圖片與積木緊密黏合。

3. 切割成片

最後，依照積木形狀切割。» 用銳利的小刀，輕輕對好兩塊積木間的縫隙，小心地沿著縫隙下刀切割，將圖片分割成一片片拼圖。» 一旦全部的積木分割完畢，再用力按壓圖片邊緣，確保每張圖片牢牢地黏著於積木上。

你可以運用這個基礎的方法製作雙面拼圖，甚至是更複雜的三面拼圖。嘗試看看，並好好享受吧！ ◢

材料

» **積木、組裝玩具**
» **小刀**
» **自黏性相片紙**，或是普通的相片紙（之後再上膠）
» **電腦與印表機**

傑森・波爾・史密斯
Jason Poel Smith
平時在《MAKE》製作「DIY教學及祕技」（DIY Hacks and How Tos）教學系列影片。他致力於鑽研各種自造技能，涉足的領域廣泛，無論是電子科技或是手工藝都難不倒他。

完整影片請參考網站makezine.com/go/building-block-picture-puzzles。

文：威廉・葛斯泰勒 ■插圖：羅伯・南斯 ■譯：張婉秦

Louis Poinsot and the Dancing Spheres

時間：
30~60分鐘
成本：
5~10美元

材料
» 軟鋼球，尚未硬化，直徑 ⅝"（2）。craigballsales.com 上有品質優良的鋼球。不要附加球軸承，否則熱處理的時候會很難鑽孔。
» 硬木木梢，直徑 ⅛"，長度 ½"。
» 可伸縮橡皮管，或是塑膠管，¼"ID，長度 30"。
» BIC Round Stic 圓珠筆
» 多用途膠水
» 廢棄的木材，½" 厚。
» 平底鍋、炒菜鍋，或是餅乾烤盤。

工具
» 鑽床（建議使用）或是利用手搖鑽。不過在球型表面垂直鑽孔時，不易使用手搖鑽。
» 鑽頭：⅛" 以及 ½"
» 鉗子
» C 型夾（2）
» 安全玻璃

路易斯・龐索與舞動的球體
透過快速轉動的球體，體會幾何力學的神奇之處。

一開始學習機械動力跟土木工程時，一定有一段很長的時間會詳細研究「力」如何讓物體移動或不動。要探討讓車子、飛機等物體移動的「力」時，通常會使用的詞彙是「動力學（dynamics）」。而像是橋樑、手機基地臺，或是任何我們不希望它移動的東西，那我們就轉

而研究「靜力學（statics）」。

不論移動或是靜止，真實世界中的物體有著多種不同的動力與載重作用在上面，像是張力、壓縮力、剪力，以及扭力。在一個物體上加上許多扭矩（或是力矩）的扭力，會讓真實世界中物體的設計變得有些困難。幸運的是，過去的偉大思

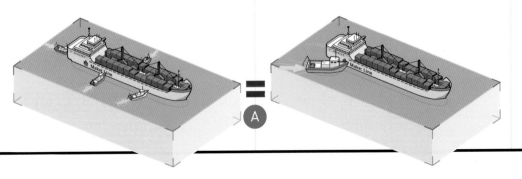

A

想已經解決其中一些困難的問題。

路易斯・龐索（Louis Poinsot）是其中一位天才，我們對這個世界一大部分的理解都要歸功於他。他是法國19世紀的數學家，把事業建立在幾何動力學的領域上——一個聽起來很困難，卻又非常重要的學術界象牙塔。

龐索是第一個展示力偶（couple）的人。他發現，多種不同的力推或拉一個剛性物體，可以被簡化成一個線性力及一個扭力，這樣的組合稱為力偶。龐索認為，這個發現能讓工程師用比較簡化的方式研究大型且複雜的剛性物體運動。

為什麼這個很重要？想想看，當工程師嘗試設計帆船船身，或是風車葉片時面臨到的問題。風從不同方向作用在這些物體上，同時因為船身跟葉片會穿破空氣跟水產生摩擦力，也就是說有無數大小跟方向的作用力跟扭矩。這些相互影響的作用力如此複雜，使得優化設計成為棘手的問題。

感謝龐索，我們得以理解到底發生了什麼事。龐索發現，所有葉片、桅杆、船帆以及龍骨上的作用力，都可以用數學方式計算。與其處理數以萬計不同的數量，你可以利用向量代數將它們減少成單一合成線性力及一個扭力（圖Ⓐ）。這個簡化在工程領域是個重要突破，並且讓所有複雜、移動，且旋轉的物體設計變得可能，從潛水艇和火星火箭，到你的智慧型手機或是平板電視的液晶顯示器。

舞動的球體

這是一個有趣又新奇的實驗，可以展示龐索的作用力與力偶。它有時被當成科學玩具銷售，稱作「颱風球」或是類似的名稱。在兩個小鋼球上鑽個小孔，再用一根短的鋼製或木製桿子連接兩個鋼球。將它們放置在一個平底金屬鍋上，用你的手指稍微彈一下，它們就會用令人驚訝的速度旋轉。

現在，有趣的部分來了。如果你對它們用力吹出一陣空氣，鋼球的角速度會達到令人無法置信的速度——超過上萬的每分鐘轉數（RPMs）！你一定要點擊網址來看看這個影片：makezine.com/projects/remaking-history-louis-poinsot-and-the-dancing-spheres/。

鋼球與平底鍋表面相互作用的系統，以及作用力與力偶兩方在上面的作用都非常複雜——在高速的時候，跟玩具本身巨大的扭矩相比，地心引力幾乎可以忽略不計——但是藉由龐索的努力，這個系統可以被複製、分析，並且理解。現在就

來製作你自己的成品並且觀察：

1. 將廢棄的木材夾在鑽床的工作臺上，鑽一個½"的孔（圖Ⓑ）。將½鑽頭換成⅛"。

將一個鋼球放在剛剛鑽的洞孔上。在鋼球上小心鑽一個直徑⅛"長、¼"深的孔。如果鋼球開始旋轉，小心地用鉗子固定住。木板上的洞孔能夠將鋼球固定在同一個位置，方便在鋼球上鑽孔（圖Ⓒ）。

另一個鋼球也依照同樣的方式鑽孔。

2. 在木梢上塗一層薄薄的膠水，完全插入你剛剛鑽的洞孔（圖Ⓓ）。另一端插入另一個鋼球，靜置等膠水乾（圖Ⓔ）。

3. 等待時，開始製作吹管。首先拆解BIC Round Stic圓珠筆，移除尖端包住圓珠的塑膠珠。將頂端完全塞入塑膠管的一端（圖Ⓕ）。

4. 用類似彈手指的動作，將鋼珠裝置輕彈到平底鍋內，讓它極盡可能地快速旋轉。這個動作會在裝置上產生作用力以及力偶，造成鋼珠在平面上隨處跳動，能夠旋轉15～20秒，甚至更久，取決於彈轉的功力。

將吹管一端瞄準球體一端，然後從肺部用力吹氣，氣體通過吹管向球體施力後，就可以讓球體無止境的跳動（圖Ⓖ）。一但你找到正確的施力點，高速氣流產生的力偶會讓鋼珠愈轉愈快，直到它們變得吵雜又模糊！

你可以為這個實驗做些變化，像是把閃亮的LED放上去，製造眼花撩亂的效果，或是用吹管從不同角度吹氣，甚至增加木梢的長度。 ◐

威廉・葛斯泰勒
William Gurstelle
是《MAKE》雜誌的特約編輯。他的新書《守衛你的城堡：打造投石器、十字弓、護城河以及更多》（Defending Your Castle: Build Catapults, Crossbows, Moats and More）現正發行。

觀看快速又激烈的球體實際舞動，並分享你的作品：makezine.com/projects/remaking-history-louis-poinsot-and-the-dancing-spheres/

William Gurstelle

警告： 鋼球旋轉的速度非常快速，建議戴上安全護目鏡，避免黏著木梢分離。

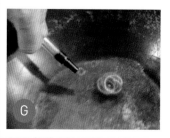

Dice in GTA Screenshot by Matthew Billington, Schematics by Charles Platt

時間：**2個小時**　成本：**15～20美元**

Really, Really Random
亂數產生器
保證隨機，只需要一些硬體零件就可以完成

文：查爾斯·普拉特、亞倫·羅基　譯：張婉秦

不論你玩什麼遊戲，像是憤怒鳥、俠盜獵車手，或是一場緊張的象棋電腦比賽，你都會希望電腦的運作是不可預知。如果電腦在同一種情況下都是相同的回應方式，那就一點樂趣都沒有了。

所以幾乎所有的電動，都會在程式碼中安裝亂數產生器，以增加出乎意料的元素。

在我的書《Make: More Electronics》（中文版預計由馥林文化出版）裡面，我示範了如何用一個線性反饋移位暫存器在硬體中達到這種功能。它可以產生一個類似隨機的高低串流，成為一個邏輯輸出——可是串流的週期只有255次，之後又重新開始，這是個非常大的侷限。

為了更上一層樓，我開始搜尋有沒有其他辦法。偶然發現亞倫·羅基的硬體亂數產生器（www.cryogenius.com/hardware/rng），它利用一個反向偏壓電阻產生完全無法預測的信號雜訊。這個雜訊接著可以被轉化成一個有著隨機高低數位狀態的無限串流。羅基並沒有發明這個想法，但他在這邊為我們更進一步發展、

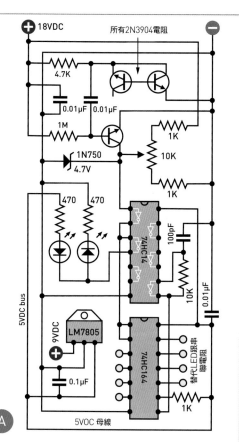

圖A：在這簡單的電路圖中，一個反向偏置電阻產生的電器雜訊，會被另外2個電阻強化，經由反向器數位化，並將時脈輸入到74HC164移位暫存器計中，此時可經由遊戲軟體存取。

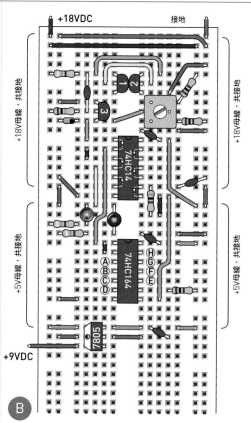

圖B：圖A電路圖的麵包板版本。這種麵包板在每條母線都有一個斷路，允許使用獨立電壓，如圖所示。

查爾斯·普拉特 Charles Platt

是《圖解電子實驗專題製作》（碁峰），以及續作《Make: More Electronics》的作者，這兩本入門指南適合各種年齡層的讀者。他也是《電子零件百科全書》第一冊與第二冊的作者，第三冊正在籌備中。makershed.com/platt

亞倫·羅基 Aaron Logue

是一位西雅圖的軟體開發人員跟硬體設計師。密碼、機器人科學跟網路套接是他喜愛的其中幾項。

材料

» 麵包板，最好是圖B中的類型。
» 電線，總共6'長，最少三個顏色：Maker Shed 網站商品編號 #MKEE3，makershed.com
» 電池，9V（2）
» 陶瓷電容：100pF（1）、0.01μF（3）、0.1μF（1），以及1μF（1）
» ¼W 電阻：470Ω（10）、1kΩ（3）、4.7kΩ（1）、10kΩ（1），以及100kΩ（1）
» LED 燈，3mm 或 5mm：紅色（1）、藍色（1），以及黃色（8）
» 電阻，2N3904（3）
» 可變電阻：10kΩ
» 齊納二極體，1N750
» 變壓器，LM7805
» 邏輯 IC 晶片：74HC14 六反向器（1）、74HC164 移位暫存器（1）、74HC4015 dual 4-bit 移位暫存器（1）、74HC86 quad 2-input XOR（1），以及74HC08 quad 2-input AND（1）

亞倫·羅基的完整電路（非必要）：
» 二極體，1N1001
» 電容，0.01μF（3）
» 電阻，1kΩ（10）
» 邏輯 IC 晶片：74HC74 正反器（2）、74HC193 同步計數器（1）、74HC595 移位暫存器（1）

工具

» 三用電表（非必要）

測試，並簡化。我認為對數以千計的遊戲來說，這真的是最好的隨機源，不論是簡單的yes-no決策裝置，或是更有挑戰性的專題，例如我在《MAKE》國際中文版Vol.7中所提到的「電子易經占卜師（Ching Thing fortune teller）」（makezine.com/go/ching-thing）。

製造雜訊

圖Ⓐ是基本的電路圖，圖Ⓑ則是相對應的麵包板配置圖。製造雜訊的電阻在左上方，編號1。它的發射器能反向偏置，利用18VDC穿過一個4.7k的電阻。通常不會這設置電阻，不過在電流有所限制的時候，這樣連接並不會產生危險，而且因為偶發的電子強制穿越NP矽接面（silicon NP junction）而產生亂數訊號。訊號結果完全無法預測，最後是由量子力學來決定。

另外兩個電阻用來強化訊號。電阻是高增益類比的放大器，所以短接腳的電阻可以避免干擾其他零件。切斷未使用到的電阻接腳，儘量集中設置所有的電阻跟電容，愈近愈好（電容能防止

電路數位區間的開關尖脈衝，不會影響到類比區間）。

安裝齊納二極體的時候與其他二極體不同，記得它的負極端子要遠離負極母線。齊納將超過4.7VDC的電壓分流到地面，因此剩下的訊號可以通過一個包含6個反向器的74HC14晶片，每個反向器都有一個施密特觸發器輸入端。第一個反向器會產生數位輸出，會約在0V跟5V之間以無法預測的間隔交替。

圖Ⓒ顯示雜訊產生的過程。

檢查雜訊

連接上74HC14最後一個反向器，你會看到一個10k電阻和一個100pF電容。這個RC網路會產生脈波，將數位化的雜訊時脈輸入到一個74HC164移位暫存器中。你可以利用暫存器的狀態（或是其中一個子集）將遊戲行為隨機化。

如果需要更多狀態，可以把另外一個移位暫存器連接上第一個。《Make: More Electronics》上有更多關於移位暫存器的資

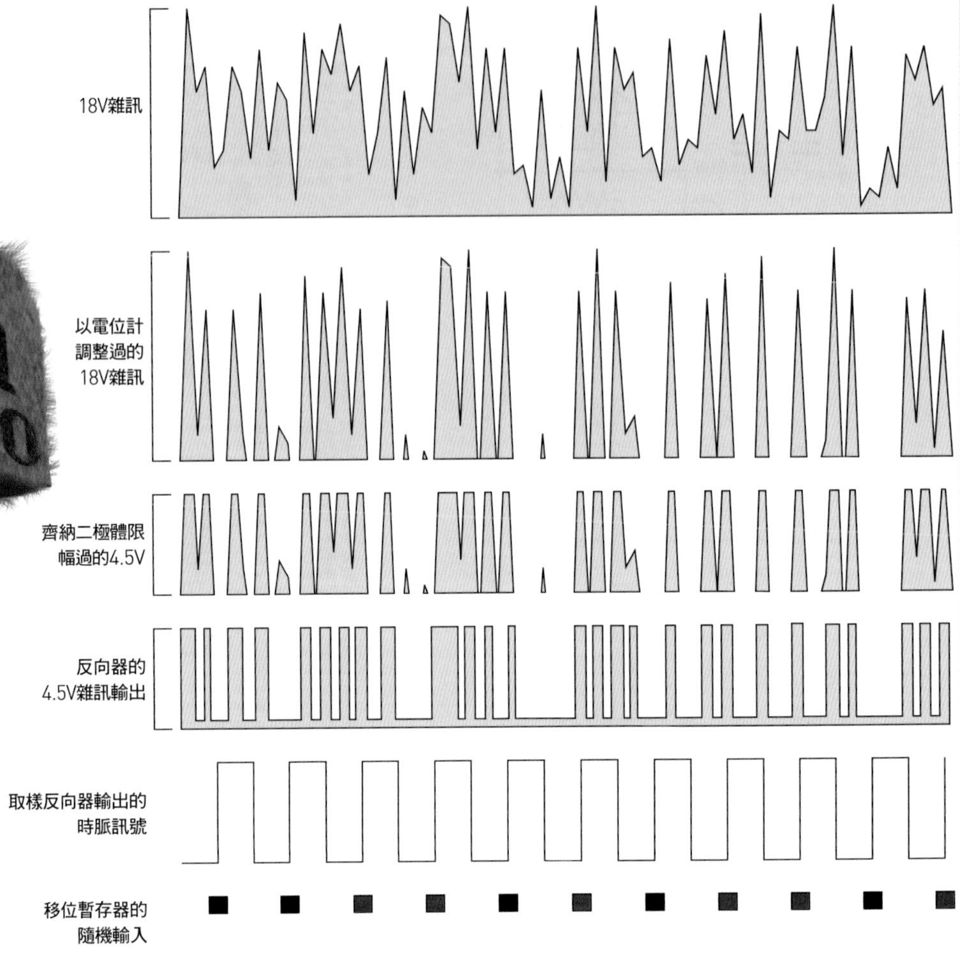

電器雜訊經過 4 個步驟處理，能產生隨機
數位輸出。

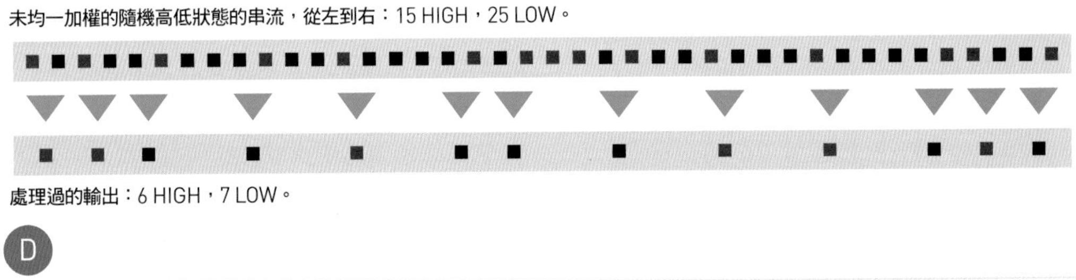

18V雜訊

以電位計
調整過的
18V雜訊

齊納二極體限
幅過的4.5V

反向器的
4.5V雜訊輸出

取樣反向器輸出的
時脈訊號

移位暫存器的
隨機輸入

C

電腦界的傳奇人物約翰‧馮‧諾伊曼藉
由成對取樣、忽略相同的對數，以及複製
不成對的第一個訊號，將沒有均一加權的
隨機序列，轉化成均一加權的輸出。

未均一加權的隨機高低狀態的串流，從左到右：15 HIGH，25 LOW。

處理過的輸出：6 HIGH，7 LOW。

D

訊。

可以串聯兩個9V電池供應電阻所需的
18VDC；將一個9V電池穿過LM7805變壓器產
生5VDC，以供邏輯晶片運作。

假設你的麵包板在每個垂直母線間有個斷路，
讓你可以支援電路頂端的18V，及底部的5V，
共用一個接地。小心這個部分！測試你的麵包
板，如果它的母線是完整的，你需要移除圖B中
的紫色跳線，然後測試不同的線路是否能傳遞
5V到邏輯晶片的電源針腳。同時，藍色的LED
需要5V正電。

為測試電路，可以使用一個100k電阻與

1μF電容，以代替顯示的10k電阻器和100pF
電容，來減少時脈速度。將圖Ⓐ中每個黃色圈
圈的部分替換成一個LED與串聯電阻，你就會
看到一系列隨機的高低狀態流出。

關於加權

到目前為止，看起來都很順利。但是，你怎麼
知道過了一段長時間，那些高電位的數量會和低
電位一樣？換句話說，輸出是否被平均加權？

也許你覺得這不是很重要，但是假設你用電路
來驅動一個yes-no決策裝置，結果出現YES的
機會比NO還多，這應該不是你所樂見的狀況。

再假設一個更嚴重的例子，例如加密系統，一個不平均的加權隨機來源可能會導致某人解開密碼。

圖 B 中紅色和藍色的LED可以顯示邏輯輸出的高低。當電路運作時，調整微調電容讓LED看起來的亮度一樣，應該就可以讓邏輯輸出的高低狀態得到近乎一樣的數字。

可是，到底「近乎」有多近呢？如果你想要高低狀態的數字完全相同怎麼辦？

偉大的電腦科學家約翰‧馮‧諾伊曼（John von Neumann）想出一個可以輕易達成的方法。如果我們有一個隨機的0和1串流，沒有被平均加權，我們所能做的就是在非重量成對下取樣狀態。當兩個數位相同，我們忽略成對的然後繼續。當1跟著一個0，我們產生1的輸出。當0跟著一個1，我們產生0的輸出。現在，不論輸入有多偏斜，輸出都會均等加權。圖 D 顯示假設的範例。

為什麼這會成功？嗯，假設我們有一個裝滿彈珠的大桶子，四分之一是黑色，剩下的四分之三是紅色。隨選抽出是紅色的機率為¾，而抽出黑色的機會為¼。那個，先抽出紅色，接著抽出黑色的機率又是多少？很簡單：$¾×¼=^3/_{16}$。那，先抽出黑色，接著紅色的機率呢？一樣簡單：$¼×¾=^3/_{16}$。所以，如果你要抽出紅黑成對的彈珠，第一個是紅色的或是黑色的機率是一樣的。即使我們不知道紅黑組合的機率，只要組合維持一致，結果就會保持一樣。不過程序是沒有效率的，因為16次中有10次我們會丟棄彈珠相同的組合，不過結論還是可行的。

未加權

圖 E 展示如何用少數幾個邏輯晶片執行馮諾伊曼的原理，確保高／低邏輯狀態完全的均一性。這個電路代替原本圖 A 電路中的兩個邏輯晶片和相關零件。

555定時器驅動一個環式計數器，它會依照順序從每個針腳接通電源。偶數字的針腳不會被使用到，讓我們可以在每個輸出與下一個之間設定時間。腳位1跟3經由一個互斥或閘（XOR gate）處理，用來將一些隨機雜訊的亂數位元時脈輸入到第一個移位暫存器，它負責處理暫存數據。

如果有兩個取樣不同，另外一個互斥或閘就有一個高電位輸出，當被環式計數器的腳位5驅動時，就會將兩個取樣中的第一個時脈輸入到第二個移位暫存器。之後，計數器的腳位7會重新開

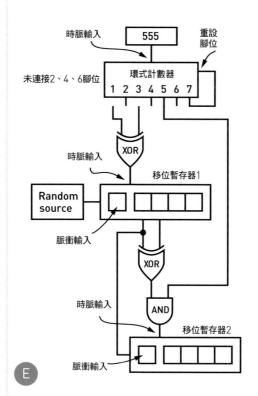

圖 E：馮諾伊曼原理，在沒有均一加權的隨機狀態中簡單的應用。

始序列。第二個移位暫存器提供均一加權的隨機數位輸出。

我使用4位元的移位暫存器，因為一個74HC4015晶片就包含兩個4位元移位暫存器，這樣也可以減少晶片數量。如果你需要四個隨機位元以上，可用8位元移位暫存器取代輸出。大家可以思考想替換哪些零件。現在，目標達成了，你有了一個非常、非常隨機的亂數產生器，而且可以使用在數百個遊戲中。安裝在Arduino或Raspberry Pi上，樂趣就此展開。祕訣部分，可以上網站參考 makezine.com/go/really-really-random。●

+如果是完美主義者，想要成熟度最高的邏輯電路，亞倫‧羅基已經濃縮馮諾伊曼處理器的精華，設計成精簡的偉大作品。有雄心想要製作這個電路的 Maker 可 以 參 考 makezine.com/go/really-reallyrandom。

+透過查爾斯‧普拉特的《圖解電子實驗專題製作》，以及 Maker Shed 網站上的套件包（makershed.com/platt），可以更認識電子學。

Das Neunvoltzensvitcher!

9伏特電極夾 內建電源開關的電極夾

文、圖：尚・麥可・雷根 譯：屠建明

ALKALINE

Vinnic

VINNIC ALKALINE

AM9V 6LR61 9 VOLTS

Hg

材料

» **電力耗盡的 9V 電池**
要找的是電極和內部金屬條鉚接的類型，不是點焊的。
» **迷你 SPDT 單極雙擲滑動開關**，附塑膠外殼，E-Switch 網站商品編號 #EG1218
» **26AWG 絞線**，紅色及黑色。
» **熱縮套管：2mm 及 12mm-14mm**
» **環氧樹脂，5 分鐘乾**

工具

» 尖嘴鉗
» 電鑽，1/8" 鑽頭
» 剪刀
» 剝線鉗
» 烙鐵
» 打火機
» 美工刀

尚・麥可・雷根
Sean Michael Ragan
（ smragan.com ）是一位作家、化學家，並且長期和《MAKE》合作。他的文章亦刊登於《科技生活》（ Popular Science ）、《化學與工程新聞》（ Chemical & Engineering News ）及《華爾街日報》。

我最近製作了一架保麗龍板氣墊船。我計劃要加裝很多功能，但我很快就發現，不管我想要放上什麼，重量都要非常輕，船才能漂浮。

我第一個想要的功能是電源開關，這樣我就不用常常連接或拔除電池。在尋找適合安裝的地方時，我發現電極夾本身簡約又優雅的造型，很適合內藏開關。我聯想到其他專題，像是麵包板接線、BEAM 機器人和 Arduino，只要有內建電源開關的電極夾，用起來都很方便。但是，這種東西似乎買不到，所以我自己做了一個。

1. 拆解電池

把電池的外殼卸除，並留下有按扣式電極的末端面板。它是用鉚接金屬帶和電池連接。把它們剪開，只在電極處留下短截。在電極的其中一側面板上鑽出 1/8" 的孔。

2. 安裝開關

把紅色電線焊接到開關的中央腳位，並用 2mm 的熱縮套管絕緣。把黑色電線焊接到外側腳位。綁一個防拉結並把電線穿過 1/8" 孔。用環氧樹脂把開關黏到面板上，並把兩個外側腳位焊接到金屬電極條。

3. 絕緣及測試

剪下一個 1" 的 14mm 熱縮套管，並在中間劃出 1/4" 的開口。把電線穿過其中一端，並從開口穿出。把電池面板滑入套管，並加熱讓它收縮，接著剪出給開關和電池按扣的開口。這樣附開關的電極夾就完成了！

1

2
125°C VW-1 (12φ)

3

Hep Svajda

材料
» 不要的電話（1）
» 不要的鬧鐘一個（1）
» Arduino UNO（1）
» L298N 馬達控制板（1）
» 人體紅外線探測模組（1）

工具
» 電焊槍
» 雷射切割機
» 鑷子
» 斜口鉗
» 電腦

時間：
一週
成本：
**1,100~
1,300新臺幣**

趙珩宇
師大科技所研究生，
主攻科技教育，喜
愛參與自造者社群
活動，希望將自造
社群的美好以及活
力帶給大家。

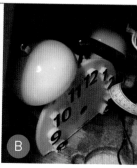

注意： 因為其輸出的是8-BIT、8000 HZ的聲音，因此在錄製聲音時（在這裡我們使用的是AUDACITY）要將聲音轉換成8-BIT、8000 HZ、單聲道的方式進行錄製，然後透過ENCODEAUDIO軟體將聲音轉換成數位格式。

動手做整人電話
Haunted Phone

文·攝影：趙珩宇
專題參與成員：Sky、Vincent、Ellice、
Henry、Bob、Cloud、Hunter

我們希望製作一個整人電話放在FabLab Taipei，當有人經過電話前，電話就會自己響起，誘使聽到的人接起電話。因此我們讓電話自動響起幾秒鐘後就停止，然後再重複響起，讓最接近電話的人不得不接起電話。一旦接起電話，話筒就會傳出詭異的聲音，然後整人計劃就大功告成了！

運作原理

在本專題中，我們使用不要的電話做為整人裝置的主體，將其改造後撰寫程式上傳至Arduino UNO板，並使用人體紅外線感測模組來感測是否有人經過。

1. 話筒聲音設計

一開始我們在設計這個整人裝置時，即希望能以單一Arduino板就解決本專題，以取代較難取得或是較昂貴的聲音模組，因此我們使用PCM的方式讓Arduino板提供不同的電子脈衝（PWM），並使用Pin11與GND兩個腳位進行聲音輸出，如此一來，我們只需要將話筒接上Arduino板，就能讓它發出我們指定的聲音。雖然這種方式只能輸出8-bit、8000 Hz的聲音，但已經能輕鬆使用Arduino板播放一段聲音或是人聲了。

將程式寫進Arduino後，下一步要解決的就是如何將聲音傳到話筒上。我們直接將話筒上的線剪斷。剪斷後裡面會出現四條線，經過多次測試後找出合適的兩條電線（圖Ⓐ）。測試時我們可以使用現成的音響，或是直接連接至編譯好的Arduino板，測試六次即可找到對的兩條線（兩條線並沒有正負方向性，所以可以放心地連接）。

2. 鈴聲設計

最初設計整人電話專題時，我們原先希望模仿電話鈴響時電話線所提供的電壓與頻率來使電話鈴響；但在搜尋資料並進行多次測試後，發現電話鈴響時的電壓雖然只需要20伏特即可以驅動，但它的頻率也是20Hz，與一般家用交流電所提供的60Hz不同，所以我們就採取了第二計劃──安裝鬧鐘。

我們找了一個不要的鬧鐘，將它拆開後，在馬達的部分連接L298N馬達驅動板，並透過Arduino訊號來使馬達轉動，並安裝紅外線感測器，當有人經過時馬達便會轉動並敲擊鬧鐘，整人電話就完成囉（圖Ⓑ）。

各種節日都是Maker們可以盡情發揮的日子，使用身邊可以簡單取得的材料，搭配Arduino板或是更簡單的電子電路，就能製作出一個有趣又能為節日帶來樂趣的專題了。大家也一起動手做看看吧！●

相關資訊請見github.com/FablabTaipei/Haunted-Phone頁面，或參考playground.arduino.cc/Code/PCMAudio。

Measure the Altitude of Dust, Smog, Smoke, and Volcanic Aerosols

使用日光光度計

蒐集並分析暮光資料，測量沙塵、煙霧和火山懸浮微粒的海拔高度

文·弗里斯特·M·密馬斯三世　譯·屠建明

下一次有皮納圖博等級的火山爆發時，業餘科學家們將能夠追蹤它的懸浮微粒雲的高度。在《MAKE》國際中文版Vol.20中，我在我的專欄裡說明了如何製作超敏感的DIY日光光度計（makezine.com/go/twilight-photometer）。

現在我要說明的是如何使用電腦試算表來管理光度計資料並製成圖表，如此便能找出大氣中煙、沙塵、煙霧和火山懸浮微粒的大略海拔。

曙暮暉

如果你在太陽剛降下地平線時朝太陽看，你就站在地球影子的邊緣（圖A）。在日落後或日出前往太陽的反方向看，可以看到維持約10分鐘的地球影子。如果天空晴朗，在地平線上會形成一個粉紅色的帶狀弧形。這是「反曙暮暉」。弧形下方的灰色或泛紫的天空就處在地球的影子中。

日落之後，反曙暮暉的弧形會在天空中逐漸升高；在日出時會出現相反的狀況。因為海拔愈高，大氣愈稀薄，所以在這個時候往正上方看，正好在地球陰影上方的天空是最亮的。

因此，用日光光度計測量到的最大強度會出現在地球陰影的正上方。

這代表了暮光的強度在任何時刻都和地球陰影的高度有大略的相關。如果在這個區域有足夠密度的懸浮微粒層，在暮光信號中造成的差異就可以被偵測並製成圖表（圖B）。

準備日光光度計

測量日光強度時，務必要調整日光光度計來測量最大範圍的日光強度。理想情況下，我們會藉由旋轉電位計軸來達成，但在我們的日光光度計這麼做並不可行，因為把微調筒插入LED感測器和運算放大器的輸入之間可能會產生雜訊（我沒聽說有便宜而且電阻高達數十兆歐姆的微調筒）。

光度計含有兩個串聯的增益電阻：R1和R2，以及跨過R2連接的開關S2。關閉S2會讓增益減半，這讓我們取得增益控制X1和X2。可以用不同的電阻值來取得更大的增益變化，但可能會花費更大。

微調日光電位計的一個簡單的方法，是改變安裝在LED上方的視準校正管的長度。先用長度5"到6"的熱縮套管來代替視準校正管，接著藉由每次剪掉管子的一小段，讓更多光線進入，來增加光度計的靈敏度，等到光度計的輸出稍微低於資料記錄器允許的電壓上限即可。這個程序應該要在日落前幾分鐘進行，至少需要利用一次的日落來找到視準校正管的最佳長度，接著就可以用永久的管子來替換熱縮套管。

選擇資料記錄器

你可以用15到30秒的間隔手動記錄資料，但1秒間隔的自動記錄更為理想。為了做到這一點，要把日光光度計的輸出連接到解析度為16位元或以上的資料記錄器。

我使用Onset出品的16位元4頻類比記錄器HOBO UX120（onsetcomp.com/products/data-loggers/ux120-006m）得到不錯的結果。我也使用過50,000計數的資料記錄數位三用電表Unisource DM620。也有很多其他的資

弗里斯特·M·密馬斯三世
Forrest M. Mims III

（forrestmims.org）是一位業餘科學家、勞力士獎得主，並獲得《Discover》雜誌選為「科學界50顆金頭腦」。他的著作已銷售超過七百萬冊。

暮光時地球陰影的高度隨時間變化

日落時的太陽

A

地平線下的太陽　←　暮光

地球

料記錄器和50,000計數記錄器DMM可供選擇。只要確認它的軟體和你的電腦相容即可。

日光光度計試算表

我建立了一個自訂的試算表來幫你管理和繪製暮光資料，同時幫你省去很多運算的麻煩（圖 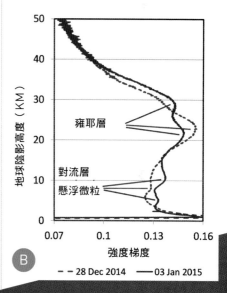）。可以到專題網頁makezine.com/go/twilight-photometer免費下載並依照所附的詳細說明來使用。這個試算表是用微軟Excel開發，再轉換成免費的LibreOffice（libreoffice.org）的格式。它有六個頁面：

1.分析。這個試算表會計算日落和日出的時間、太陽位置和地球陰影的高度。它還會計算資料的積分（隨時間的變化）、把它平均（讓它平滑），並產生呈現在工作表2的圖表。此處附有資料來源以感謝開發日光光度測定法的先賢。

2.圖表。這個試算表呈現地球陰影對應原始資料（線性和對數）的和對應資料的積分（強度梯度）的圖表。

3.衛星。衛星及懸浮微粒預報影像貼於此處。衛星影像顯示所有存在的雲。懸浮微粒模型預測沙塵、煙和煙霧的分布。

4.探測。這是一個非必要的試算表，其中顯示來自和你的位置最接近的氣象氣球的高空探測資料。

5.資料。原始資料顯示於此。

6.讀我。詳細的光度計和分析說明呈現於此。在進行初次暮光測量前，請先閱讀此表。

暮光範例

圖 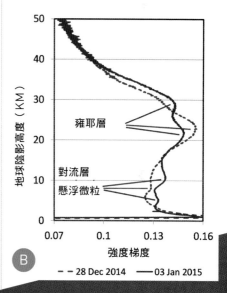 為兩次不同暮光的三個圖表的重疊，用來示範試算表如何從梯度圖中擷取懸浮微粒層。這些圖表來自晴空；若雲沿著太陽的方位角出現，則圖表將為不規則。

更進一步

暮光光度測定法是更加熟悉上層大氣的一個理想方法。它對科學展覽、認真的科學研究和好奇的觀天者而言都是個好用的工具，尤其在發生大型火山爆發時。這個試算表亦提供拓展這個專題的建議，以及如何使用NASA的懸浮微粒模型來辨識你偵測到的懸浮微粒層。

在下一次皮納圖博火山、拉基火山噴發時（或是維利亞里卡火山、御嶽山、艾雅法拉冰蓋的噴發，如果你剛好住在附近的話），就準備好可以觀測了。

製作光度計、取得日光光度測定試算表和學習使用方法的資訊都在makezine.com/go/twilightphotometer。

時間：
1～2個晚上
成本：
35～50美元＋
選用的資料記錄器

材料

» 日光光度計及氣泡水平儀，參見《MAKE》Vol.44〈動手做日光光度計〉（makezine.com/go/build-a-twilight-photometer）。
» 數位電壓計
» 資料記錄器（非必要），建議使用
» 羅盤或羅經玫瑰圖
» 具有網路連線之電腦及LibreOffice試算表軟體，可至 libreoffice.org 免費下載。

雍耶層

對流層

懸浮微粒

B

-- 28 Dec 2014 —— 03 Jan 2015

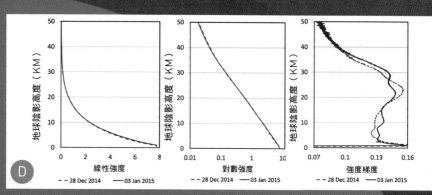

大氣層

地球的陰影

日光光度計

圖A：日落後，太陽在地平線下，而它的光線會照亮頭頂的天空。地面和太陽光線之間的天空處於地球的陰影中。日光光度計會在太陽持續在地平線下沉時測量地球陰影的頂端的陽光的減少。（日出前會有相反的情形。）懸浮微粒會改變地球陰影頂端的陽光量，讓我們能夠估計懸浮微粒的海拔。

D

線性強度
-- 28 Dec 2014 —— 03 Jan 2015

對數強度
-- 28 Dec 2014 —— 03 Jan 2015

強度梯度
-- 28 Dec 2014 —— 03 Jan 2015

神奇三秒摺衣板

文：傑森・波爾・史密斯
插圖：安德魯・J・尼爾森
譯：王修聿

摺衣服真是件無聊透頂又費力的家事，所以我試著利用手邊的材料來加快流程。我想到的方法就是用厚紙板和牛皮紙膠帶，來製作像成衣店用來摺襯衫的那種摺衣板。

1. 裁切厚紙板

製作一個摺衣板會需要6塊厚紙板，而每片厚紙板的面積必須和摺妥的襯衫大小差不多。»先徒手摺好一件襯衫並丈量其面積，接著根據該面積裁切6塊等大的厚紙板。

2. 組裝摺衣板

將6塊厚紙板鋪放在地上，排成2列，一列3塊。每塊厚紙板之間留下¼"間距。»接著，用膠布先將第一列的3塊紙板黏合在一起，再分別黏接上下紙板。»黏好後將6塊紙板一起翻面，在背面的相同縫隙處也貼上膠布。»最後將正反面的膠布按壓在一起，使其密合。

3. 使用摺衣板

將摺衣板放在桌上。»再將襯衫正面朝下鋪於其上。»先後將左右兩大片紙板往內摺好後，再翻回原狀，最後掀起中片紙板，將衣服往上摺。如此一來，襯衫就摺好了，整整齊齊。摺衣板不僅能幫助你快速摺好衣服，還能把每一件襯衫摺得整齊又美觀。•

傑森・波爾・史密斯
Jason Poel Smith
平時在Make製作「DIY教學及祕技」（DIY Hacks and How Tos）教學系列影片。他致力於鑽研各種自造技能，涉足的領域廣泛，無論是電子科技或是手工藝都難不倒他。

材料
» 厚紙板
» 牛皮膠布
» 直尺或捲尺
» 利刀或剪刀

欲見教學影片以及更多相關照片，請上makezine.com/go/diy-clothes-folding-board。

Toy Inventor's Notebook

玩具發明家的筆記本 仿瓷釉飾品製造器

文、圖：鮑伯·奈茲格　譯：王修聿

時間：
1～2小時
成本：
5～10美元

材料

- » **小黃銅圓片**：裁自黃銅板。薄黃銅板較易裁切，厚黃銅板則較有「份量感」。
- » **低溫琺瑯粉**：即為手工藝品店所販售的燙凸粉。
- » **卡紙**：模板印刷用

工具

- » **烤爐**：你可以依照 makezine.com/projects/ez-make-oven 上提供的教學自製簡易烤爐（EZ-Make Oven），也可以用廚房烤箱甚至是熱風槍替代。
- » **筆刀**

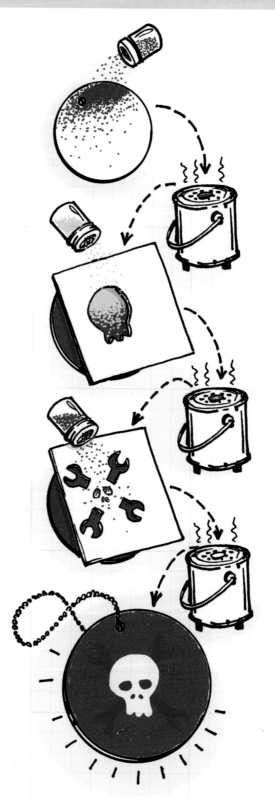

這個玩具專題很有趣，還能趁機回顧《Make》Vol.16所刊載過的「超容易製作的烤爐（EZ-Make Oven）」專題。該專題將白熾燈泡嵌入油漆桶做為熱源，然後烘烤製作出塑料昆蟲，以成為繪本「蟲蟲搖滾音樂會」（Creepy Crawlers）的一員！以下介紹簡易烤爐的另一用途：製作釉彩飾品。

這種仿瓷釉技巧使用的是低溫熱熔的有色琺瑯粉，能夠做出亮彩表面。成品會很像玻璃琺瑯或是景泰藍，而且只要用燈泡就能焙燒。你可以在手工藝品店或是網路上購入這種熱熔粉，市面上將其稱為燙凸粉，多半用來製作印章或是美化剪貼簿。

我從黃銅板裁下一個小圓片，除去其毛邊，並以醋和水清潔圓片上的指紋，以確保琺瑯粉能均勻黏附於表面。請保持圓片的清潔：接觸時儘量以邊緣拿取。

在圓片上均勻鋪灑上一層厚約 $1/32"$ 的低溫粉，接著輕輕地將圓片置於預熱過的簡易烤爐上。待幾分鐘後，低溫粉熔化並發出光澤時，便能將圓片取出置於一旁，使其冷卻。

你可以利用不同顏色的琺瑯粉來混搭設計。我製作了這個「駭客高手（Jolly Hacker）」獎章，其中印刷模板是我徒手用薄卡紙裁成的。你也可以用雷射切割機裁切出圖樣精細的印刷模板。

所有的顏色的琺瑯粉都灑上去後，最後再將圓片放回烤爐上烘烤20分鐘，使彩膜達到最高硬度（以廚房烤箱華氏300°烘烤）。再穿上一條鍊子，獎章就完成了。也可以在背面黏上別針，做成胸針或徽章。●

想觀賞其他成品或分享創作，可以至 makezine.com/go/faux-enamel-trinket-maker。

TOOLBOX

譯：屠建明

道具及複製品之油漆與風化

作者：哈里森‧克里克斯（Harrison Krix）8美元：
volpinprops.com

我（起初）對於購買和閱讀哈里森‧克里克斯的傑出電子書《道具及複製品之油漆與風化》（Painting and Weathering for Props and Replicas）感到有點罪惡。身為Maker的精神之一就是從做中學習，而這位仁兄卻以他多年來的成功（或者說失敗）來教我們混合油漆的正確順序和只需要區區8美元的表面處理技巧。他哪來的膽子？

這本書非常棒，沒有一個多餘的贅字。而且除了我希望它涵蓋的主題之外，還有更多超乎想像的主題。濕打磨、印花底漆和用油漆來模仿不同材質的方法都用大張照片和淺顯的方式說明。其中我最喜歡的文章之一是關於《最後一戰》（Halo）裡的刺針槍，裡面說明了他完成充滿未來感的材質和表面處理所採取的步驟。

克里克斯在Facebook和Flickr完整記錄他製作的過程，更進一步證明我比他還懶惰很多。現在可以來期待他出版關於製作模型本身的電子書了。

——傑森‧鮑勃勒

Harrison Krix

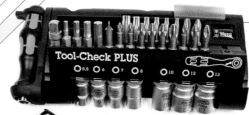

CEN-TECH 6"
度盤卡尺
20美元：*harborfreight.com*

卡尺是一種精密儀器，能夠進行三種測量：內直徑、外直徑和深度，讓測量小零件不費吹灰之力。

多數我見過的Maker和我自己都會用卡尺來測量圓形物體，像是PVC接頭，而且可以精確到數萬分之一吋。當然，它們也可以用來測量矩形和其他形狀的物體。

我有一把可靠的Cen-Tech 6"帶表卡尺，讓我99.9%的工作變得更輕鬆。雖然數位卡尺提供單位的選擇，使用也較快速，但我仍然偏好度盤，因為不用換電池。6"聽起來可能不多，但要注意到12"可能會放不進你的工具箱。

為現有零件用CAD設計3D列印的配件時，一把可靠的卡尺勝過你能弄到手的任何3D掃描器。在超過十年（其中四年在大學）之後，我的卡尺和新買的時候一樣好用，而且從來沒換過一次電池。

——山姆・費理曼

（額外建議：如果有比較多的預算，可以考慮升級到Mitutoyo。他們的工具都非常優秀。

——史都華・德治）

Skill Builder

有個小建議：

可以用卡尺固定一端，然後量直線邊緣的工件。如果把一個顎沿著工件的邊緣拉動，則另一個顎可以在表面上劃出一條離邊緣固定長度的淺線。有碳化物顎的卡尺最適合這樣做，但尖端終究會磨損。

WERA工具組TOOLCHECK PLUS
115美元：www-us.wera.de

Tool-Check Plus是一個高度多功能的工具組，提供多種鑽頭和起子的組合，以利不同場合的應用。連我自己都很驚訝我會對Wera的工具設計這麼熱情。我只是想修理我的腳踏車，但當我拿起工具組時，就覺得自己戀愛了。

這個工具組含有28個鑽頭、7個扳手、一個固定鑽頭的螺絲起子、棘輪、扳手接頭和一個Rapidaptor鑽頭固定器極延伸器。不像我擁有的低價工具組，Tool-Check Plus有堅固的品質。我從前都不覺得我對工具喜歡到讓我成為工具組鑑賞家，但Wera讓我驚艷。這很明顯是一款經新設計的產品，從螺絲頭的扣入到棘輪的喀喀聲都可以感受到有人從頭到尾嘔心瀝血地開發這個產品。

你知道這是什麼感覺嗎？這就像我這輩子一直開國民車開得很開心，但有一天跑進了豪華車的駕駛座：哇喔，原來這就是駕馭的快感。Tool-Check的一切都很精緻、耐用和實用。它甚至有一個皮帶夾，不用雙手就能固定。

——法蘭克・鄧

SPYDER鋸孔器
10美元：spyderproducts.com

各大製造商設計各式各樣的鋸孔器和心軸來，致力讓鑽頭更容易取出，但沒有什麼比Spyder的鑽頭快速彈射系統（Rapid Core Eject System）更好用的了。

如果把鑽頭從鋸孔器取出來的時間比鋸孔本身還久，真的會很荒謬。還好有Spyder讓這個過程變得簡單，靠的是他們新的鑽頭。在每次的切割過後，只要按下心軸上的按鈕就能讓鋸孔器向後滑，露出鑽頭，方便用手取出。這款心軸除了可以用在Spyder的鋸孔器，也可以安裝在很多其他廠牌的產品。

——克里斯・羅登尼厄斯

TOOLBOX

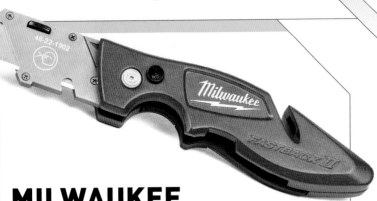

MILWAUKEE FASTBACK二代美工刀

15美元：milwaukeetool.com

Milwaukee Fastback二代可以單手開啟，無比快速又酷炫。而且全金屬刀身握感舒適，看起來就像動作片的道具。

當它順暢滑出和卡入定位時，可以感受到一種完美平衡。它的握把精心設計，舖有塑膠，不但舒適感，而且符合手掌的曲線。

它還擁有內建刀片的存放功能。秉著一貫的設計精神，備用刀片也能輕鬆彈出，讓更換刀片快速、安全又不需工具。

一代的Fastback價格較低，也比較輕薄，可能更適合較小的手，但就缺少了內建的刀片儲存功能。如果不需要這個儲存空間，它也是個可靠的工具，但如果要一把終身使用的酷刀，就選二代吧。

——SF

HUB-EE多合一輪胎

35美元：creative-robotics.com

Creative Robotics推出了一款在輪轂內部具有內建馬達的特殊輪胎，讓你的越野車或行動機器人可以馬上出動，不需擔心輪轂和輪軸或馬達是否相容，只要透過和#4-40及M3機器螺絲相容的螺紋的安裝孔把輪子固定在機器人上。這款輪子也和樂高積木相容，可以用於十字軸，提供了跨平臺的可能性。HUB-ee的輪胎有120:1和180:1的齒輪比可選擇，亦有內建的編碼器，讓它們能夠精確地旋轉。Creative Robotics還販售管理輪胎用的擴充板和Arduino開發板。

——約翰・白其多

PORTER CABLE 20V MAX藍牙收音機

100美元：portercable.com

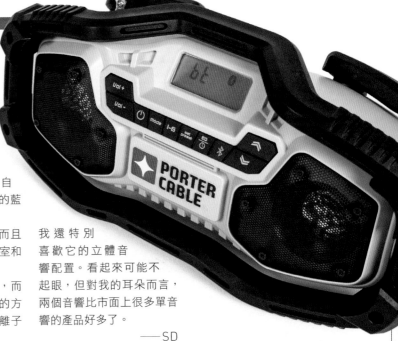

小型的藍牙連線收音機和音樂播放器現在正「夯」，但很多消費型的款式都是為比較舒適的環境設計的。來自Porter Cable的這款新產品並不是第一款為嚴苛環境設計的藍牙收音機，但它是我見過最適合工作室的款式之一。

它的無線電音效就尺寸而言（13"×6"×6"）非常好，而且雖然它並不適合大型的戶外活動，卻很適合帶到車庫、工作室和工作臺或庭院等較小的區域。

你可以用藍牙或是耳機線和輔助插孔來連接音樂播放器，而它也有數位AM/FM收音機功能。這個裝置也有兩個供電的方式：在完全無線運作時使用Porter Cable的20V Max鋰離子電池，或接上隨附的AC轉換器來無限時間地使用。

這臺收音機用起來的感覺就跟它的外表一樣，穩固又耐用。

我還特別喜歡它的立體音響配置。看起來可能不起眼，但對我的耳朵而言，兩個音響比市面上很多單音響的產品好多了。

——SD

ACTOBOTICS NOMAD

280美元：**servocity.com**

這可不是讓你用來在客廳沙發上行駛的車子。如果你想要一臺從雪地到石礫的各種地型都能行駛，而且堅固到可以翻滾的越野車，Nomad就是你的最佳選擇。

Nomad僅以套件形式販售，內含鋁製Actobotics樑的底盤。這些零件上分部有安裝孔，還有一系列額外的樑、軸、軸承和架座可以購買，也就是說只要有更多的Actobotics零件，你就能輕鬆改裝你的Nomad，讓它更強大。

Nomad還附有一個ABS外殼，大小足以容納一個微控制器和供四個套件內含的全金屬行星齒輪馬達的大型鋰離子聚合物電池。這款越野車很適合入門，只需要加裝接線、電池、感測器和微控制器。

——JB

IFIXIT JIMMY工具刀

8美元：**ifixit.com**

要把電子裝置撬開有很多方法，可以用平頭螺絲起子或刀子，但是不管在哪裡撬開，常常會在邊緣留下損傷。但是現在我們有了專為打開壓扣外殼設計的iFixit Jimmy工具刀。它具有超細不鏽鋼刀片和橡膠握把。雖然不鏽鋼刀片非常有彈性，它也有足夠的強度可以插入堅固的塑膠外殼中。

這款工具並非適合所有的裝置，像我必須把它和一把小螺絲起子並用才能把遙控器打開來修理，但它仍然相當有用，而且對撐開小間隙很有幫助。

——SD

LITTLEBITS智慧家用套件

280美元：**makershed.com**

不論你是初次聽聞littleBits，或是家中已經有豐富的庫存模組，智慧家用套件對製作家用的連線專題都非常好用。這個套件含有很多可以用來測量家中環境的Bits感測器，例如光、溫度和聲音的感測器模組。隨附的cloudBit雲端模組可以讓你的專題和網路連線，透過它們的API或IFTTT進行遠端感測和操控。套件中還有幾款新的Bits元件，例如控制電器電源的AC開關和播放音樂和音效的MP3播放器。

——麥特·理查森

LULZBOT MINI

文、攝影：麥特・史塔茲
譯：屠建明

效能高、設計精巧的桌上型3D印表機

LulzBot Mini

lulzbot.com

- 測試時價格：1,350美元
- 最大成型尺寸：152mm×152mm×158mm
- 成型平臺類型：PEI塗層加熱玻璃列印板平臺
- 溫度控制：有
- 材料：ABS、PLA、HIIP、尼龍等
- 離線列印：無（但可使用 AstroPrint、OctoPrint或其他控制介面）
- 機上控制：無
- 主機軟體：建議使用LulzBot版本之Cura
- 切層軟體：建議使用LulzBot版本之Cura
- 作業系統：Windows、OSX、Linux
- 韌體：Marlin
- 開放軟體：有
- 開放硬體：有，GPLv3和（或）CC BY SA 4.0

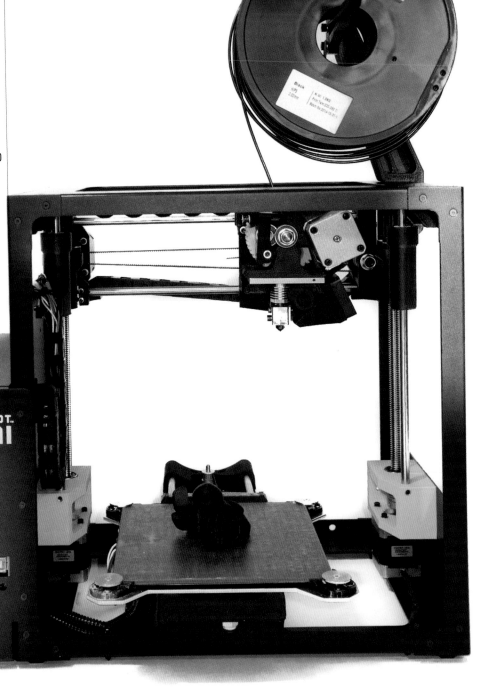

LulzBot的設計傑出，軟硬體可望升級，開放原始碼持續更新，一直廣受消費者喜愛。但在可攜性和列印面積就比較不佔優勢。

現在，這個團隊推出了LulzBot Mini。桌上沒有空間擺放Taz這種大型印表機的消費者，可以多加考慮，它的功能毫不打折扣。

Mini擁有全金屬框架，基座穩定，可以容納印表機大部分的機械零件。如同LulzBot出品的其他機種，Mini採用不需要額外潤滑的Igus聚合物軸承，長期免保養依然正常運作。Mini有6"×6"的成型空間，並使用PEI（聚乙烯亞胺）包覆的硼矽酸加熱玻璃板，可以列印需要高溫列印的材料。

所有的線纜都整齊地用集線器收拾好，讓線路不會意外打結。在機器的側面有一個可以拉出的線軸固定器，在使用中會穩穩地固定。

兩大改良

和先前的型號相比，Mini有兩大升級。其一是LulzBot新的Hexagon全金屬熱端。和塑膠包覆的熱端不同的是，這款熱端能夠達到最高300°C（572°F）的溫度，所以可以用尼龍和聚碳酸酯等材料來列印。在多數金屬熱端無法穩定列印PLA和PLA複合材料的同時，Hexagon沒有這個問題，測試時都表現極佳。

第二個重要的新功能是LulzBot初次嘗試的自動列印臺校平系統。除此之外，利用噴嘴觸碰四個角落的導電點，它可以確保噴嘴在正確的高度。為了確保噴嘴能妥善導電，機器會先進行清潔程序，加熱噴嘴並在列印臺後方的墊子上摩擦。這個程序完成之後，列印就開始了，而Z軸高度會不斷地調整，讓噴嘴和列印臺維持一貫的距離。

LulzBot建立了專屬的Cura列印軟體版本來驅動Mini。最初開發Cura的是Ultimaker，而因為Ultimaker和LulzBot都使用開放原始碼的韌體和標準的G碼檔來驅動印表機，所以LulzBot能夠建立自己的版本。Cura可說是市面上最容易使用的切層軟體。

有趣的是，LulzBot給Mini的首選線材是HIPS（耐衝擊聚苯乙烯）。以HIPS做為主要列印材料相當少見。是在我2012年的研究中發現HIPS適合做為可溶解的支撐材料後，才有比較多人開始用它當成支撐材料。如果做為主要列印材料，HIPS能呈現極高的表面品質，達成消光效果和柔軟的手感。這款材料和Mini的優良列印品質結合後的測試列印成品讓人印象深刻。

幾個缺點

在Mini身上我還是發現到幾個讓我失望的地方。雖然這款機器確實比Taz更容易攜帶，甚至有方便搬運的舒適手把，但是它的全金屬外殼仍然過重，無法成為真的可攜式印表機。

3mm的Wade's型的噴頭提供極度可靠的流速，但也佔了機器內部很大的空間。較小的1.75mm直接驅動噴頭可能可以給印表機多幾吋的成型空間或降低它的覆蓋面積。即使如此，LulzBot仍執著於使用3mm線材，因為他們認為這樣可以在列印各種材料時都更加穩定。

我對它缺少機上控制、記憶體和LCD感到驚訝。對我而言，離開電腦列印的能力是可攜性的關鍵，也是我對所有印表機的首要要求之一。但省去這些元件的確能降低成本，而且在AstroPrint/AstroBox和Matter Control Touch等附加控制器興起的同時，機上控制可能就沒那麼關鍵。

結論

Mini持續展現了LulzBot對品質與社群的堅持。LulzBot致力於製造極高品質設計的機器，並持續分享至社群，而Mini成功滿足LulzBot的堅持，甚至為你騰出多一些桌上空間。 ◉

專業建議

如果你已經是**Cura**的使用者，可以直接從**LulzBot**支援網站下載材料檔案，不需另外安裝**Cura LulzBot**版本。

購買理由

LulzBot的設計優良，而且體積輕巧。只需要一張書桌，就可以迎接這臺高效能印表機。

列印成品

麥特·史塔茲
Matt Stultz

創辦並組織3D列印資源分享網站（3D Printing Prividence）和匹茲堡駭客工作坊（HackPittsburgh）。他完美結合軟體工程師與自造者的身分。3DPPVD.org

BOOKS

BRICK JOURNAL
積木世界
國際中文版 ISSUE 2

TwoMorrows

320元　馥林文化

　　《星際大戰》是許多人心中的經典，一些成人樂高迷也是因為星戰系列盒組，才重新接觸樂高，繼而走上自創的道路。適逢《星際大戰七：原力覺醒》上映，《積木世界》和大家一起重溫星戰時代的精采創作，欣賞彼得・布魯克戴爾的UCS風格作品，回顧黃彥智創作三十多臺載具的熱情，悠遊達斯康的場景MOC。我們一探復仇者號龐大的內部結構，撞見莫斯艾斯利小酒館中的外星人樂隊，想像白兵不同於電影中的日常生活。這一期的專題，不只是樂高迷，只要是星戰迷都會愛不釋手。

　　除了每一期的專題之外，《積木世界》的固定專欄包括〈戴樂高玩樂高〉、〈客製化樂高人偶〉還有〈自己動手拼〉組裝圖解。對編輯們而言，看這些創作者如何用相似的模式變化出多樣的作品，是每一期最有趣的地方，希望讀者們也能樂在其中，甚至動手拼組出自己的創意。從這一期開始，我們也很榮幸邀請臺灣創意積木發展協會開始連載〈帕奇大陸〉專欄，帕奇大陸是一項長期的團隊計劃，在自創的時空設定下，用樂高打造出不同種族與文化的領地，目前已經發展了四大王國以及精靈、獸人部落等勢力。自創故事與樂高創作相輔相成，交織成宏偉的奇幻世界，趕快揭開帕奇史詩的序章吧！

　　這一期還穿插了樂高與藝術相關的作品，留待讀者挖掘其中的驚喜。最後，願原力與你們同在。

動手玩科學：
邊玩邊學的兒童教育

柯特・蓋比爾森

380元　馥林文化

　　要怎麼樣才能帶著孩子做出一個個成功的自然科學專題呢？如果孩子問了你答不出來的問題該怎麼辦？我們又要怎麼樣才知道孩子有從中學習？在工作坊中「摸來摸去」的孩子真的有學到東西嗎？

　　「玩中學」的概念是並非新創，從人類有歷史開始，當人們想要瞭解更多的時候，最有效的方法就是透過不斷的「動手嘗試」、觀察周遭的實物進而一窺真理的面貌。

　　《動手玩科學：邊玩邊學的兒童教育》將會帶領你了解「動手玩科學專題」的方法、竅門和背後的教育思路。作者柯特・蓋比爾森推廣「玩中學」的科學教育達二十餘年，在孩子們「東摸西摸」做專題的過程中在一旁輔導，使得孩子們得以在實作中學到扎實的知識！

　　本書針對成人而寫，希望給予帶領孩子的大人們一些策略和想法，使得大人們在帶領孩子做專題時不會無所依歸。

第一次玩空拍機全攻略：
飛行、攝影、場地、挑選，
一入門馬上變玩家

Coolfly 酷飛多軸聯盟
350元 電腦人

本書計劃跟上臺灣的無人機風潮，並且鎖定玩家喜愛的應用玩法（以空拍為主），讓臺灣的無人機玩家可以擁有一本好玩、有用的無人空拍機入門書。

看完本書後，讀者可以知道自己應該選擇哪一種無人機機型；有哪些有趣或專業的無人機可以購買；如何保養、調校、組裝自己的無人機；並且知道無人機還可以怎麼玩。本書以案例介紹的方式，透過臺灣玩家實際發生過的故事一一介紹可以玩無人機的場地、不同地點空拍的不同玩法，以及不同情境下可能的無人機應用方式（廢墟冒險、求婚計劃、模擬飛行）。

機器人製作聖經
高登・麥康
980元 馥林文化

《機器人製作聖經》一書可以説是教學步驟，也可以説是參考資料。製作機器人需要知道的關於機器人的藝術與科學在這本書中都可以找到。

本書沒有難以破譯的數學方程式、不切實際地假設你擁有電子或機械的專業知識能力，或是只有經驗豐富的專業人士才可以解決的複雜設計。如果你是新手，你可以先上本書的 RBB 線上資源網站查看「我的第一臺機器人」系列課程，這些課程會帶領你循序漸進地學習如何製作價格平實的自主活動機器人；如果你已經有一些組裝、電子學或是程式設計的經驗，本書已經規劃排序好各個步驟，你可以一邊閱讀一邊複習你所學過的各種技術與知識。

動手製作 Arduino 機器人

動手製作 Arduino 機器人
邁克爾・馬格里斯
420元 馥林文化

來製作一個能精確執行指令和自主行動的機器人吧！以前要製作能夠感知並與環境互動的機器人需要相當高的技巧，但是 Arduino 的出現讓一切都變得非常簡單。透過本書和 Arduino 的軟硬體開發環境，你可以學習到如何製作和用程式控制機器人，讓它行走、感測周遭並完成各種任務。只要你有一點點程式的概念和對電子的濃厚興趣就可以開始製作書中的專題。

本書內容涵蓋：介紹如何用 Arduino 製作二輪及四輪機器人，包括馬達、感測器、移動平臺與 Arduino 線路組裝等；介紹如何安裝 Arduino、上傳程式碼控制機器人的速度和方向，讓機器人具備循跡和偵測障礙物的功能；介紹多種感測器及遙控功能。

壓克力機器人製作指南

三井康亘
420元 馥林文化（2016年1月預定出版）

「壓克力機器人」約於40年前誕生，以透明壓克力板加工製作，並具備簡單的動作構造，本書為其製作指南。內容包含許多模仿動物或昆蟲等獨特動作的機器人；不論是孩提時代曾熱衷於「壓克力機器人」或是第一次接觸的讀者，都能藉由本書踏入進化後「壓克力機器人」世界。

作者三井康亘為機器人藝術家。1947年生於大阪，後進入同志社大學的機械工程學系就讀，畢業後前往東京成為插畫家，並於1974年秋天開始製作壓克力機器人。至今為止已製作了大約2,000臺。也因身為 TAMIYA「ROBOCRAFT系列」及 Vstone 公司「M系列」的機器人開發者而知名。2012年8月開始於《ROBOCON》連載〈壓克力機器人研究所〉專欄。

注意事項：

1. 控制板方案若訂購 vol.12 前（含）之期數，一年期為 4 本；若自 vol.13 開始訂購，則一年期為 6 本。
2. 本優惠方案適用期限自即日起至 2016 年 2 月 29 日止

巨無霸機械噴火龍
Tradinno the Gargantuan

文：詹姆士‧伯克　譯：王修聿

横渡了無數條巨河之後，你們一行人終於來到一座濃密森林外。 即使森林瀰漫著濃霧，也阻止不了你們前進的決心，義無反顧地踏上翠綠的腐土。一路上斷枝殘幹舉目可見，看著遭到不明力量摧殘的樹木，一種不祥的預感油然而生。

你們在一個風化的木頭標誌前停下了腳步，標誌上頭用古老的文字寫著「富爾特」（Furth im Wald），而再往前走個三百步，就會抵達該德國小鎮。前方有條通往城堡的小徑，而城堡入口處有一團駭人的黑影。靠近一瞧，你們的腳都癱軟了，原來那團黑影就是巨無霸機械噴火龍，自2010年就棲息在該小鎮。

噴火龍約有11公噸重，身長50呎，15呎高，這樣的身形大小已破了機械龍的紀錄。噴火龍的體內流有超過80公升的（人造）血漿，但其實它完全仰賴機械運作。它是由佐納電子公司（Zollner Electronik）的電子機械巨匠所打造，其四肢藉由液壓系統和2.0公升的內燃機來驅動。這隻魔龍的四肢、頭部、頸部和眼睛的動作都是以無線遙控。小心別靠它太近，它會噴火，而且還在該小鎮具500年歷史的年度劇場表演「龍的傳說（Drachenstich）」中擔綱要角。

你們的隊長掏出了一顆塑膠石骰子，擲骰的結果指示由你開始。於是你施了防護咒，開始大戰眼前的巨獸。 ◗